AF568622

Beate und Leopold Peitz

HÜHNER HALTEN

Glückliche Hühner im eigenen Garten

Beate und Leopold Peitz

HÜHNER HALTEN

Glückliche Hühner im eigenen Garten

INHALT

DAS VERHALTEN DER HÜHNER 65

HÜHNER HALTEN 94

BRÜTEN: NACHWUCHS AUF DEM HÜHNERHOF 132

DIE GESUNDHEIT DER HÜHNER 162

SERVICE 183

HÜHNER MIT FAMILIENANSCHLUSS

Hühner zu halten ist in unserem dicht besiedelten Lebensraum eine wunderbare Chance, mit Nutztieren in Berührung zu kommen und damit ein Stück echtes Landleben, von dem so mancher Zeitgenosse träumt, in den heimischen Garten zu holen. Während sich die Hühnerhaltung in den letzten Jahrzehnten vornehmlich in zwei sehr verschiedene Richtungen entwickelt hat – einerseits die Wirtschaftsgeflügelhaltung mit riesigen Stückzahlen von Hochleistungstieren und andererseits die Rassegeflügelhaltung mit kleinen Beständen in den kuriosesten Farben und Formen –, machen wir heute die erfreuliche Feststellung, dass die Haltung gemischtrassiger kleinerer Hühnerherden zunimmt und darüber hinaus manch alte Rasse, die früher auf dem Lande gehalten wurde, wieder entdeckt und vor dem völligen Aussterben bewahrt wird. Im Vordergrund bei diesen Hühnerhaltern steht, neben dem Gedanken an superfrische Eier (bei manchen auch Appetit auf gutes Hühnerfleisch), vor allem die Freude an der Kreatur Huhn und das hautnahe Erleben ihres vielschichtigen Soziallebens.

Dieses Buch ist diesen engagierten Halterinnen und Haltern in spe gewidmet. Wir möchten einen kleinen Teil dazu beitragen, Wissen über die lebendige Umwelt zu erweitern, und allgemein Verständnis für das Haushuhn wecken. Wir wollen Fachwissen vermitteln und Unschlüssigen für das kleine Wagnis Hühnerhaltung Mut machen.

So soll sich der potenzielle Hühnerhalter durch die zusammengetragenen Informationen am Ende in der Lage fühlen, sicher zu beurteilen, unter welchen Bedingungen er seinen Wunsch nach „ein paar glücklichen Hühnern" in die Tat umsetzen kann. Ist das Halten einer bescheidenen Hühnerherde seitens der Behörden oder des Nachbarn gestattet? Wie muss der Stall aussehen, wie der Auslauf? Was ist bei der Pflege und gesunden Fütterung zu beachten? Wie wagt man das Abenteuer Brut und Aufzucht eigener Küken? Auf all dies und noch viel mehr wollen wir versuchen, Antworten zu geben.

Dabei liegt es keinesfalls in unserer Absicht, dogmatische Regeln über die Hühnerhaltung aneinanderzureihen. Vielmehr wollen wir Anstöße geben, wie man diesem tollen Haus- und Nutztier gerecht werden und dabei den eigenen kreativen Lösungen Raum lassen kann.

Viel Vergnügen dabei wünschen

Vom Wildhuhn zum Haushuhn

Zum Verständnis und zur Wertschätzung unseres Haushuhns mit seinem vielfältigen Erscheinungsbild und seinen hochwertigen Produkten gehören unserer Meinung nach das Wissen über seinen Ursprung und die Wandlung seines Ansehens im Laufe der zivilisatorischen Entwicklung des Menschen. Auch das Kennenlernen der verschiedenen Rassen ist interessant. So können wir der Ankunft unserer kleinen Hühnerschar mit großer Freude entgegensehen.

DIE WILDEN VERWANDTEN

Bankivahuhn, Sonnerathuhn, Lafayettehuhn, Gabelschwanzhuhn: Das sind die klangvollen Namen der vermuteten Vorfahren unserer heutigen Haushuhnrassen.

DARWIN, der von sich selbst sagte, fast alle englischen Rassen seiner Zeit gehalten, gezüchtet und erforscht zu haben, erschien es als sicher, dass das domestizierte Huhn von dem in Indien beheimateten Bankivahuhn (*Gallus bankiva*) abstammt. Sein Hauptargument war, dass nur Kreuzungen zwischen Bankiva- und Haushuhn fruchtbar seien. Heute wissen wir, dass auch Kreuzungen mit anderen Wildhühnern fruchtbare Nachkommen erbringen können. Dennoch wird das Bankivahuhn unter vier möglichen Stammarten als wilde Hauptstammform betrachtet. Es lebt auch heute noch in den Wäldern vor den Südhängen des Himalajagebirges bis Indochina und den Sundainseln.

Als weitere Stammformen werden noch das Sonnerathuhn (*Gallus sonnerati*), das Ceylon- oder Lafayettehuhn (*G. lafayetti*) und das Gabelschwanzhuhn (*G. varius*) angesehen. Als Verbreitungsgebiete gelten Ceylon für das gleichnamige Ceylonhuhn, der südliche Teil des Ghat-Gebirges des vorderindischen Hochlands für das Sonnerathuhn und Südostchina sowie die Malaiischen Inseln für das Gabelschwanzhuhn.

DER WILDE VORFAHR: DAS BANKIVAHUHN

Das Bankivahuhn ernährt sich von Insekten, Larven, Knospen, Würmern und allerlei Sämereien. Die Henne legt acht bis zwölf Eier in eine Bodenmulde, die sie mit Gras und Laub zu einem Nest auspolstert. Die Größe des Bankivahuhnes entspricht etwa der unserer gängigen Zwergrassen. Der Hahn kräht wie unser Hausgockel und kann mit einer Haushenne fruchtbare Nachkommen zeugen.

HÜHNERRASSEN

DIE MITTLERWEILE ETWA 200 HÜHNERRASSEN, die wir heute allein in Europa kennen, sind wie viele Rassen anderer Tierarten auch auf die Gestaltungsfreudigkeit des Menschen zurückzuführen. Denn neben rein ökonomischen Interessen hat sicherlich die Freude, dem lieben Gott ins Handwerk zu pfuschen, einen gewissen Anteil an der heutigen Vielfalt der Erscheinungsformen unseres Haushuhnes. Eine planmäßige Rassezüchtung hat sich jedoch erst im 19. Jahrhundert entwickelt. Vorreiter waren hier, wie bei anderen Tierrassen auch, die experimentierfreudigen Tierhalter in Großbritannien. Will man diese Vielfalt ordnen und in einen überschaubaren Rahmen stellen, kann man zunächst zwischen Großrassen und Zwergrassen unterscheiden.

Innerhalb dieser Gruppen unterscheidet man allgemein drei verschiedene Typen: den Bankiva- beziehungsweise Landhuhntyp, den Cochintyp und den Malaientyp. Daneben existieren heute zahlreiche Zwischenformen mit mehr oder weniger starkem Einschlag der drei Typen. Für unsere heutigen Hühnerrassen sind am ehesten der Bankiva- und der Cochintyp von

SPRECHEN SIE HÜHNERISCH?

Die wichtigsten Fachbegriffe für die Körperteile eines Huhns:
KEHLLAPPEN: Beidseitige Hautanhänge unterhalb des Schnabels. Je nach Rasse und Geschlecht variiert die Größe. Beim Hahn sind sie immer größer als bei der Henne.
KLOAKE: Die Afteröffnung. Gemeinsamer Körperausgang für Verdauungs- und Geschlechtsorgane unterhalb des Schwanzes.
KROPF: Eine Ausbuchtung der Speiseröhre. Hier kann bei Bedarf Nahrung zwischengelagert werden, bevor sie weiter in den Magen gelangt.
LÄUFE: Der Teil des Fußes zwischen Fersengelenk und Zehen.
LEGEBAUCH: Die Partie hinter den Beinen beziehungsweise der Bereich zwischen den beiden Schambeinen.
OHRSCHEIBEN UND OHRLAPPEN: Hautgebilde, die unter dem Ohr liegen beziehungsweise das Ohr umgeben.
SATTEL: Der Gefiederbereich am hinteren Teil des Rückens. Wird auch als Sattelkissen oder Sattelbehang bezeichnet.
SICHELN: Die großen, sichelförmig gebogenen Schwanzfedern beim Hahn.
SPOREN: Krallenartiges, zum Teil sehr scharfes Horngebilde an der Innenseite der Beine. Meist nur bei Hähnen ausgebildet.
STÄNDER: Die Beine der Hühner.

Vorwerkhuhn.

Bedeutung. Lassen wir den hierzulande nicht sehr bedeutsamen Malaientyp also einmal außer Acht, können wir bei den Rassen der beiden anderen Typen eine Vielzahl von Formen und Farben unterscheiden.

DER BANKIVATYP

Dieser Typus verkörpert ein wohlproportioniertes, schlankes Huhn, wie wir es als „Standardmodell" vor Augen haben, wenn wir von Hühnern sprechen. Weitere Merkmale sind ein glattes, eng anliegendes Federkleid, mittelhohe Läufe ohne Federn sowie weiße Ohrscheiben beziehungsweise Ohrlappen. Der Hahn trägt als Schmuck lange Sichelfedern am Schwanz. Die Hautfarbe ist hell, die Eierschale weiß.

Es gibt zahlreiche Rassen und Zwischenformen (Kreuzungen), die von diesem Typus maßgeblich geprägt sind, so zum Beispiel die einfachkämmigen und rosenkämmigen regionalen Rassen (mehr zu den Kammformen auf Seite 46). Zu Ersteren zählen etwa Italiener und die weltbekannten Amerikanischen Leghorn, zu den rosenkämmigen unter anderem Hamburger und Rheinländer. Der Fachmann fasst sie unter dem Begriff „leichte Legerassen" zusammen.

DER COCHINTYP

Der Cochintyp besticht durch Größe und einen massigen, gedrungenen Körperbau. Durch das dichte, zum Teil bauschige Gefieder, das sich zum Schwanzansatz hin zu einem breiten Sattelkissen ausbreitet, wird die imposante Erscheinung noch verstärkt. Der Schwanz ist auch beim Hahn recht kurz geraten, die Ständer sind befiedert. Die Ohrscheiben oder -lappen sind rot, die Haut und die Eierschalen erscheinen gelblich.

Zwerg-Orpington.

Reine Cochin spielen bei unserem Nutzgeflügel nur eine untergeordnete Rolle; allenfalls die Rassen, die sehr stark vom Cochintyp geprägt sind, wie Deutsche Langschan, Brahma oder Orpington, haben eine größere Fangemeinde. Diese ausgesprochen massigen Tiere mit hohem Fleischansatz werden meist in die Kategorie der „schweren Rassen" eingereiht.

Allerdings finden wir einen hohen Anteil ihres Blutes in den Zuchtkreationen der sogenannten „mittelschweren Rassen", die inzwischen zahlenmäßig und wirtschaftlich gesehen den bedeutendsten Faktor in der Nutzgeflügelhaltung darstellen. Zu ihnen zählen beispielsweise die bekannten Rhodeländer, Plymouth Rocks, New Hampshires, Deutsche Wyandotten, Sussex und Deutsche Lachshühner.

DER MALAIENTYP

Für unsere landläufige Vorstellung von einem Huhn bietet dieser Typus ein etwas skurriles Erscheinungsbild (s. Seite 29). Die Körperform entspricht in etwa dem eines Hühnereies mit dem spitzen Pol nach unten beziehungsweise nach hinten. Der Hals mit dem feinen Kopf wird sehr aufrecht präsentiert. Getragen wird diese Erscheinung von langen Ständern ohne Befiederung, dafür mit auffallend starken Sporen. Das Federkleid wirkt straff anliegend, die Ohrscheiben beziehungsweise -lappen sind rot gefärbt, die Körperhaut und die Eierschalenfarbe sind gelblich.

Der Malaientyp verkörpert einen besonderen Typus, und zwar den des Kämpfers, wie beispielsweise Altenglische Kämpfer, Asil, Malaien oder Moderne Englische Kämpfer. Die seit Jahrhunderten unverändert vererbten Merkmale des Malaientyps kommen bei den für uns Westeuropäer berüchtigten Hahnenkämpfen blutig zum Tragen. Der Einfluss auf die Züchtung von Mastgeflügelrassen ist recht hoch.

Im direkten Vergleich: Brahma und Zwerg-Araucana.

ZWERGRASSEN

Bei den Zwergrassen unterscheidet man sogenannte Urzwerge (echte Zwerge) und Verzwergte. Dabei ist der Anteil der Urzwerge sehr klein. Die Entstehung dieser echten Zwerghuhnrassen ist sehr vielschichtig und nicht immer klar nachvollziehbar. Sie gehen auf kleinwüchsige Hühnervarianten zurück, die konsequent auf dieses Merkmal hin weiterselektiert und zum Teil auch mit anderen kleinwüchsigen Rassen gekreuzt wurden. Somit haben wir bei den Urzwergen in der Regel kein Pendant bei den Großhühnern. Eine Ausnahme scheinen die Urzwerge namens Zwerg-Cochin zu sein: Sie sind mit den gleich aussehenden Cochin der Großrasse jedoch nicht verwandt.

Die verzwergten Rassen sind aus Kreuzungen zwischen Großrassen und Urzwergen entstanden; zusätzlich wurden diese Kreuzungen dann noch auf schwachwüchsige Typen selektiert. Daher findet man häufig Rassen, die in einer Groß- und einer Zwergform existieren.

Gestruppter Paduaner.

WEITERE FORMEN

Zum Schluss sollen noch die reichhaltigen Formen an Mutationsrassen erwähnt werden, dazu zählen Schopf-, Hauben- und Barthühner, Nackthälse, Strupphühner, Seidenhühner und andere mehr. Sie sind optisch außergewöhnlich und wie viele der Zwergrassen der Stolz der Hobby- und Rassegeflügelzüchter.

MENSCHEN UND IHRE HÜHNER ... HEUTZUTAGE

IN DEN LETZTEN JAHREN hat sich das Verhältnis von uns Menschen zu vielen Tierarten sehr verändert. Wir interessieren uns dafür, wie landwirtschaftliche Nutztiere leben und untergebracht sind; wir bemühen uns, den Zootieren eine artgerechte Unterbringung zu bieten; wir bauen große Wildtiergehege; wir leiden mit Zirkustieren. Aber auch unsere Beziehung zu unseren Haustieren, wie Hunde und Katzen, ist enger geworden. Wir wollen ihr Verhalten verstehen und damit unsere Kommunikation mit ihnen verbessern. Hundeschulen boomen, Hundeflüsterer und Katzenversteher erklären uns im Fernsehen zu den besten Sendezeiten die Welt unserer Lieblinge.

Nicht zuletzt können wir große Veränderungen auch beim Verhältnis zwischen Mensch und Huhn beobachten. Lange standen nicht die Hühner im Mittelpunkt des Interesses, sondern nur die Produkte, die sie uns lieferten. Möglichst viele billige Eier, möglichst billiges Fleisch. Hobbyhalter und Rassegeflügelzüchter wurden in der breiten Öffentlichkeit kaum wahrgenommen und falls doch, dann eher müde belächelt. Doch das hat sich in den letzten Jahren verändert. Mit dem Wunsch nach Bio-Produkten aus artgerechter Tierhaltung wuchs auch die Nachfrage nach Eiern von „glücklichen Hühnern". Und plötzlich stieg nicht nur das Interesse am Huhn, Hühner liegen heute sogar im Trend und wurden zum Sinnbild ländlicher Idylle. Eine kleine frei laufende Hühnerschar lässt die Herzen vieler Menschen höherschlagen und weckt die Sehnsucht nach Landleben und Entschleunigung.

Eine kleine Herde ...

„Urban farming“ heißt das neue Zauberwort; das heißt, immer mehr Menschen, vor allem junge Familien, träumen von den eigenen Hühnern im kleinen Garten hinter dem Haus. Wo sich dieser Wunsch nicht erfüllen lässt, entstehen gemeinschaftliche Hühnerprojekte, beispielsweise in Kindergärten, Schulen und Seniorenheimen. Stadtnahe landwirtschaftliche Betriebe, die diese Entwicklung schnell erkannt haben, bieten „Hühnerpatenschaften“ an, das heißt, die Eier der „eigenen“ Hühner dürfen abgeholt werden, was nicht nur für Kinder ein besonderes Erlebnis ist.

Wer die dauerhafte Verantwortung für eine eigene kleine Hühnerherde nicht übernehmen kann oder will, hat inzwischen sogar die Möglichkeit, wenigstens für kurze Zeit das Hühnerglück zu genießen. Dank der neuen Geschäftsidee „Miet-Hühner“ werden auf Bestellung einige Hühner mit allem Zubehör, vom Stall bis zum Steckzaun für den Auslauf, in den heimischen Garten gebracht – und nach einigen Tagen wieder abgeholt. Selbst Brutapparate mitsamt den Bruteiern kann man mieten und zu Hause das Schlüpfen der Küken beobachten und miterleben. Allerdings sollten wir dabei nie außer Acht lassen, dass uns lebendige Tiere anvertraut werden, für die wir, wenn auch nur für kurze Zeit, die Verantwortung übernehmen!

HÜHNER UND KINDER

Die meisten Kinder wünschen sich irgendwann sehnlichst ein eigenes Tier. Sehr oft fällt die Wahl dann auf Hamster, Meerschweinchen, Kaninchen oder Wellensittich, weil sich diese Tiere angeblich problemlos im Kinderzimmer halten lassen. Dabei wird oft übersehen, dass diese Tiere ganz und gar nicht artgerecht, einzeln und in viel zu kleinen Käfigen ein trauriges Dasein fristen und oft durch ein Zuviel an körperlichem Kontakt und Zärtlichkeit überfordert werden. Die Enttäuschung ist oft groß, wenn sich das Meerschweinchen nur noch ängstlich verkriecht oder der Hamster tagsüber schläft und nachts durch seine Aktivitäten stört. Häufig nimmt auch das Interesse der Kinder am Haustier schnell ab. Wie passt das Huhn da rein?

Natürlich lassen sich Hühner nicht im Kinderzimmer halten und auch nicht auf die Urlaubsreise mitnehmen. Die wichtigsten Voraussetzungen für eine kleine Hühnerhaltung sind auf jeden Fall ein Gärtchen hinter dem Haus, natürlich auch eine freundliche und aufgeschlossene Nachbarschaft und etwas Organisationstalent. Wenn dies gegeben ist, sind Hühner die perfekten Familientiere. Und Kinder lieben es, Hühner zu halten! Sie kommen angerannt, wenn man das Gehege betritt, sie lassen sich aus der Hand füttern und vielleicht sogar auf den Arm nehmen und streicheln. Man kann sie in Ruhe beobachten und ihr Verhalten und ihre verschiedenen Charaktere kennenlernen. Sie werden ihren kleinen Besitzern viele Stunden voller

Hühner werden oft sehr zahm und genießen es, wenn sie betüddelt werden.

Vergnügen bereiten, aber auch eine Reihe von Lektionen. Kinder lernen Verantwortung für die Tiere zu übernehmen, sie regelmäßig zu füttern und zu pflegen und vielleicht auch nicht so beliebte Tätigkeiten, wie zum Beispiel das Ausmisten, zu übernehmen. Der große Pluspunkt der Hühner: Sie nehmen es aber auch überhaupt nicht übel, wenn man mal etwas weniger Zeit für sie hat oder sie über einen längeren Zeitraum, etwa während der Urlaubszeit, dem zuverlässigen Nachbarn oder Freunden anvertraut werden.

Eine zusätzliche Freude machen die Hühner uns natürlich mit ihren Eiern, die besonders von Kindern begeistert gesucht, eingesammelt und verspeist werden. Hühner können sehr unterhaltsam und lustig sein, und es macht Jung und Alt viel Freude, sich mit ihnen zu beschäftigen. Übrigens sind Hühner nicht dumm, und mit etwas Geduld und Ausdauer kann man ihnen auch Tricks und Kunststückchen beibringen.

THERAPIEHÜHNER

Der Kontakt zu Tieren kann sich auf vielfältige Weise positiv auf Menschen auswirken. Sogenannte tiergestützte Therapieverfahren zur Linderung der Symptome oder zur Heilung psychischer und neurologischer Erkrankungen sind wissenschaftlich längst erforscht und belegt. Am häufigsten kommen bei diesen Therapien Tiere wie Hunde, Pferde oder Lamas zum Einsatz. Die wichtigsten Kriterien, nach denen die Tiere hierfür ausgesucht werden, sind ein hohes Maß an Geduld und Ruhe und die Bereitschaft, sich anfassen und streicheln zu lassen.

Auch Hühner werden immer häufiger als Therapietiere eingesetzt. Natürlich eignen sich für diese Aufgabe nicht alle Hühner. Voraussetzung dafür ist, dass die Tiere den Umgang mit Menschen nicht nur gewöhnt sind, sondern ihn auch genießen und sogar aktiv suchen. Ideal ist es, wenn die Tiere bereits als Küken viel Kontakt zu Menschen hatten und womöglich mit der Hand aufgezogen wurden. So kommt es, dass in manchen Kindergärten oder Seniorenheimen der wöchentliche „Hühnerbesuch" schon sehnlichst erwartet und dem Moment entgegengefiebert wird, wo das Huhn sich auf dem Schoß gemütlich niederlässt und gestreichelt werden kann.

KLICKERTRAINING FÜR HÜHNER

Wer seine kleine Hühnerschar genau beobachtet, wird schnell erkennen, dass Hühner keineswegs langweilige Dummchen, sondern überaus interessante und aktive Tiere sind. Hühner sind immer in Bewegung, unermüdlich auf der Suche nach Futter oder mit der Körper- beziehungsweise Gefiederpflege beschäftigt – und sie sind sehr neugierig. Darüber hinaus sind die meisten Hühner zutraulich, suchen gerne den Kontakt zu Menschen und lassen sich mit Leckerbissen aus der Hand verwöhnen. Das sind die besten Voraussetzungen dafür, diese Tiere nicht nur zu beobachten, sondern sich aktiv mit ihnen zu beschäftigen und ihnen sogar kleine Kunststückchen beizubringen. Entgegen vielen Vorurteilen sind Hühner nämlich überhaupt nicht dumm!

In den letzten Jahren hat sich eine ganz spezielle Trainingsmethode in den Fokus geschoben: das Klickern. Es hat sich vor allem in Hundeschulen verbreitet und seither viele Anhänger gefunden. Nicht nur Hunde, auch andere Tierarten lassen sich mit dieser einfachen Methode trainieren. Ja, sogar bei Hühnern klappt das erstaunlich gut!

Aber was ist das sogenannte Klickern genau? Es ist eine Trainings- beziehungsweise Lernmethode, bei der man das Verhalten von Tieren gezielt beeinflussen kann. Mithilfe eines kleinen Gerätes, des Klickers, wird ein bestimmtes klickendes Geräusch erzeugt. Dieses Geräusch ist natürlich für das Tier zunächst bedeutungslos. Folgt aber auf dieses Geräusch eine Belohnung in Form von Futter, lernt das Tier nach einigen Wiederholungen, dass der Klicker Futter ankündigt. So kann das Tier die Belohnung mit dem, was es gerade getan hat, gut verknüpfen. Der Klicker ist also das Markierungssignal für den präzisen Moment des gezeigten Verhaltens und überbrückt den Zeitraum bis zur Belohnung.

Wollen wir diese Trainingsmethode bei unserem Huhn anwenden, muss es natürlich zunächst „angeklickert" werden, das heißt, es muss begreifen, dass jeder Klick eine Futterbelohnung bedeutet. Es versteht sich von selbst, dass für solch ein Anklickern nur besondere Leckerbissen, zum Beispiel Mehlwürmer, verwendet werden sollten. Der Anfang ist damit gemacht und unser Huhn auf das Klickgeräusch konditioniert.

Jetzt müssen wir uns überlegen, welche Verhaltensweisen oder Kunststückchen wir unserem Huhn beibringen wollen (zum Beispiel auf den ausgestreckten Arm fliegen oder über ein Seil balancieren) und einen Trainingsplan erstellen. Wir beobachten das Huhn genau, passen den Moment ab, wo es ein Verhalten zeigt, das dem gewünschten besonders nahekommt und belohnen sofort mit einem Klick und anschließender Leckerei. Da Hühner sowieso die meiste Zeit des Tages mit Futtersuche und Futterpicken beschäftigt sind, werden sie mit viel Eifer beim Training mitmachen und nach kurzer Zeit einige Kunststückchen beherrschen.

GUT ZU WISSEN

Der Klicker ist ein kleines Gerät aus Plastik, eine Art Knackfrosch. Den gibt es in vielen Tierfutterläden oder Zoohandlungen, natürlich auch im Internet, für kleines Geld.

HINTERGRÜNDE: DIE KULTURGESCHICHTE DES HAUSHUHNS

VIELE GESCHICHTEN fangen bei Adam und Eva an. Wir wollen die Kulturgeschichte unseres Haushuhns, dessen Domestikation nachweislich in Indien begann und sich von dort aus rasch auf andere Länder ausbreitete, „erst" im zweiten Jahrtausend vor Christi Geburt beginnen.

Sprechen wir heute von Hühnern, so wird der Laie zunächst das Bild von Eier legenden Hennen und weniger vom stolzen Hahn vor Augen haben. Der Hahn hat kulturgeschichtlich jedoch eine weitaus größere Bedeutung als die Henne. Er galt bei vielen Völkern des Altertums als heilig. Nach der Vorstellung der alten Perser vertrieb der Hahn mit seiner Stimme Dämonen und Zauberer und war damit der Beschützer von Haus und Vieh, weshalb er hohe Wertschätzung erfuhr. Später gelangte der Hahn im Zuge der Perserkriege nach Kleinasien und damit zu den Griechen, die ihn mit dem Namen *Alektor*, Abwehrer, ehrten. Schließlich wurde er bei den Griechen zum Opfertier, das dem Gott Asklepios zum Dank geopfert wurde, wenn man von einer Krankheit genesen war.

Eine andere Funktion erfüllte das Huhn bei den Römern. Man glaubte, dass der Hühnervogel die göttliche Fähigkeit besäße, in die Zukunft zu sehen. Vor allem, wenn man einen Kriegszug vorbereitete oder unmittelbar vor einer entscheidenden Schlacht stand, richtete man ein *Auspicium* ein: Der eigens abgestellte Hühnerwärter, der *Pullarius*, streute den heiligen Hühnern Futter vor. Wenn die Tiere gierig fraßen, deutete das auf einen Sieg; fraßen sie nur unlustig, war auf einen schlechten Ausgang zu schließen. Wer den Appetit der Hühner kennt, weiß, in welche Richtung die Prognosen meist tendierten.

Gerade als Opfertier erlangte der Hahn bei verschiedenen Völkern im Altertum immer größere Bedeutung, besonders bei den ärmeren Schichten des Volkes, die sich kaum größere Opfertiere leisten konnten. Nach und nach legte sich dann die Scheu, Hühner auch für profanere Zwecke zu nutzen: zur Eierproduktion oder zur Mast. So finden sich in der römischen Literatur auch allerlei Anleitungen zur Hühnerhaltung, die der heutigen Hobbyhaltung recht ähnlich sind. Interessant ist, dass bereits zu der erwähnten Zeit Unterschiede in der Legeleistung und Fleischausbeute verschiedener „Rassen" festgestellt wurden.

Nach Mittel- und Nordeuropa soll das Huhn unabhängig vom griechischen und römischen Kulturkreis gelangt sein. Auch bei den Kelten und Germanen war das Huhn offenbar ein heiliges Tier. So galt es hier als Sünde, ein Huhn zu essen; allenfalls die Eier durften verspeist werden.

Erst im Mittelalter erhielt das Huhn seine eigentliche Bedeutung als Eier- und Fleischliefe-

Hühnermotive sind auch im Garten beliebte Deko …

rant. Die Hühnerzucht wurde dadurch zu einem sehr wichtigen Kultur- und Wirtschaftsfaktor. Wie in vielen anderen Bereichen auch waren die Mönche in den Klöstern Vorreiter der Hühnerzucht. Hühner waren zu der Zeit auch beliebter Proviant für Heereszüge, da man sie lebend in großen Holzkäfigen mitführen konnte. Späterhin war das Hühnervolk in keiner bäuerlichen Wirtschaft mehr wegzudenken, da es frei umherlaufend sich von Dreschabfall, Sämereien aller Art, Würmern, Insekten und Küchenabfällen ernährte und daher billig nebenher zu halten war.

Aber auch weitere Kulturkreise wurden vom domestizierten Huhn erobert. Ausgehend von seiner indischen Heimat, wo es nachweislich schon vor etwa 4000 Jahren gehalten wurde, erreichte es bei seinem Zug nach Westen über Vorder- und Kleinasien auch Ägypten und Nordafrika, früher noch in Richtung Osten China und von da aus Japan und die Mongolei. Auf den amerikanischen Kontinent gelangte es wohl erst vor etwa 500 Jahren, auf den australischen noch später.

Macht man sich darüber Gedanken, aus welchem Grund die Menschen ursprünglich das Huhn zum Haustier gemacht haben, so sind noch zwei weitere wichtige Faktoren zu nennen, die vielleicht seinen Funktionen als Nahrungslieferant vorausgingen. Da in Gefangenschaft gesetzte Wildhühner zunächst keine Eier legten und sich nicht fortpflanzten, schieden die im Mittelalter und heute als selbstverständlich angesehenen Gründe für die Hühnerhaltung nach Ansicht mancher Forscher aus. Vielmehr wird vermutet, dass die Hühner – oder besser gesagt die Hähne – deshalb das Interesse des Menschen weckten, weil er mit ihnen die auch heute noch im Ursprungsgebiet berühmten und für uns berüchtigten Hahnenkämpfe veranstalten konnte. Ein weiterer möglicher Grund ist, dass der Hahn durch seinen Schrei unbeirrbar den nahenden Morgen verkündet. Bis ins 20. Jahrhundert hinein hat sich diese Funktion etwa im Orient erhalten, wenn wir an die Kamelkarawanen denken, die stets einen Hahn mit sich führten, damit sie rechtzeitig aufbrechen und die kühlen Stunden des Tages nutzen konnten.

Zusammenfassend kann man sagen, dass zunächst der Hahn in seiner vielfältigen Funktion als Opfertier, als „Gladiator", als „Wecker", als Orakel sowie als Fruchtbarkeitssymbol das große Interesse an der Domestikation dieser Tierart geweckt hat. Heute hat ihm sein weibliches Pendant als Lieferant von hochwertigen Nahrungsmitteln bei Weitem den Rang abgelaufen. ■

Die passenden Hühner auswählen

Egal, zu welchem Typ oder welcher Rasse das Lieblingshuhn letztlich zählt, der Einsteiger kann zunächst einmal davon ausgehen, dass sich grundsätzlich alle in unseren Breiten gezüchteten Hühnerrassen für eine Haltung mit Auslauf eignen. Um die ganz persönliche Wahl treffen zu können, sollte sich der zukünftige Hühnerbesitzer folgende Fragen stellen: In welcher Form möchte ich meine Tiere vorrangig nutzen? Wie ist es um die Platzverhältnisse bestellt? Und welches Erscheinungsbild und welches Temperament gefallen mir?

AUSWAHL NACH NUTZUNGSARTEN: EIER, FLEISCH ODER ZIERDE

Bei der Entscheidung, welche Rasse aus dem reichen Genpool der Züchtungen infrage kommt, hilft die Überlegung, was man von seinen zukünftigen Tieren erwartet: Sollen sie fleißig Eier legen, Fleisch ansetzen oder schön aussehen? Eine Übersicht über die wichtigsten Rassen und ihre jeweilige Zuordnung zu diesen drei Gruppen finden Sie im Service ab Seite 184.

ZUR AUSWAHL STEHEN aus der großen Zahl an Rassehühnern auch viele Landrassen, von denen im Folgenden einige unter den verschiedenen Nutzungsrichtungen beispielhaft aufgeführt werden. Unter Landrassen verstehen wir Hühnerrassen, die hinsichtlich ihres Ursprungs einen starken regionalen Bezug haben und meistens bereits seit vielen Jahrzehnten als Rasse anerkannt sind. Da ein Teil dieser alten Landrassen vom Aussterben bedroht ist, zum Beispiel Westfälische Totleger oder Altsteirer, wäre es sicher für den einen oder anderen Hobbyhalter ein lohnenswertes Anliegen, durch eigene Zucht zum Erhalt dieses alten Kulturgutes beizutragen.

Darüber hinaus gibt es im Kreis der Rassehühner auch Ziergeflügelrassen, wobei hier der Fokus mehr auf dem äußeren Erscheinungsbild liegt. Dazu zählen vor allem die Hühnerrassen mit besonderen äußeren Merkmalen, wie Federhauben, Federbärten, exotischen Kammformen, Struppgefieder und anderes mehr. Neben dem schönen Anblick – ja, auch diese Zierrassen liefern die begehrten Produkte Eier und Fleisch – sind ihre Leistungen häufig auch nicht zu unterschätzen!

Bei nahezu all diesen Rassehühnern haben wir die Möglichkeit, die kleinere Zwergform (Seite 14) zu wählen. Im Vergleich zum hochgezüchteten Wirtschaftsgeflügel (Hybridhühner) – jeweils spezialisiert auf Eier- beziehungsweise Fleischproduktion – dürfen wir jedoch von unseren Rassehühnern keine Wunderdinge erwarten.

RASSETIERE VERSUS HYBRIDHÜHNER

Gezüchtet oder besser gekreuzt aus reinen Inzuchtlinien zwischen zumeist einer Lege- und einer Mastrasse, vollbringen sogenannte Hybriden „Übermenschliches". Innerhalb von knapp 20 Jahren wurde zum Beispiel ihre Legeleistung von etwa 130 auf über 260 Eier pro Tier und Jahr verdoppelt; das allerdings durch Ausnutzung des Kreuzungserfolgs bei sorgsam ausgetüfteltem Haltungssystem und hochwertigen Futterrationen. Bei den reinen Wirtschaftsrassen, wie den Hybrid-Leghorn und den heute in der gewerblichen Eierproduktion vorwiegend verwendeten Legehybriden, wurde der Bruttrieb weggezüchtet, was den Eierproduzenten sehr entgegenkommt, da brütige Hennen keine Eier legen. Damit entfällt bereits für uns die Möglichkeit einer Vermehrung unserer Hühnerschar durch die natürliche Brut mit einer Glucke. Dieser Aspekt sowie die hohen Futteransprüche der Hochleistungstiere sind Gründe, solche Hybridhühner für unsere kleine Hühnerhaltung eher nicht in Betracht zu ziehen.

Die Rasse Zwerg-Sebright ist außergewöhnlich und eher was für's Auge.

„ICH WILL VIELE EIER"

Wer hauptsächlich Wert auf viele Eier und weniger auf einen ordentlichen Sonntagsbraten legt und gern ein leichtes Huhn mit großem Bewegungsdrang hätte, sollte sich für eine leichte Legerasse entscheiden. Dazu gehören die Rheinländer, die aus der Eifel stammen und seit über 100 Jahren rassemäßig gezüchtet werden. Sie sind ausgesprochen wetterhart. Sie besitzen die typische gedrungene Landhuhnform und tragen einen Rosenkamm. Im ersten Jahr kann man mit 180 Eiern, im zweiten mit 160 und im dritten mit etwa 130 weißschaligen Eiern rechnen.

Ein sehr typisches Landhuhn, wie wir es auch in vielen Kinderbüchern abgebildet finden, ist das rebhuhnfarbene Italienerhuhn mit einfachem Kamm. Es präsentiert sich etwas edler als das Rheinländerhuhn, die Legeleistung ist etwa gleich gut, es gilt aber als nicht so robust und wetterhart. Für unser gemäßigtes Klima ist es jedoch durchaus geeignet. Andere bekannte Vertreter des leichten Landhuhntyps sind:

- Amerikanische Leghorn
- Brakel
- Deutsche Sperber
- Hamburger
- Kraienköppe
- Lakenfelder
- Minorka
- Ostfriesische Möwen
- Thüringer Barthühner
- Westfälische Totleger

GEMEINSAME ERKENNUNGS-MERKMALE

- leichter Körperbau
- weiße Ohrscheiben
- gelbe Beine
- geringer Bruttrieb
- weiße Eier

2

1

4

3

TIPP

Die Farbe der Eierschale, genauer gesagt der Außenhaut, ist rein rassebedingt. Wenn uns dieser Punkt wichtig ist, sollten wir das bei der Auswahl der Rasse mit ins Kalkül ziehen.

1 Italiener sind die „Prototypen“ unseres Haushuhns. Dank eifriger Züchtung weisen sie das größte Spektrum an Farbvarianten bei Hühnern auf. Sie sind sehr lebhaft. Auch im Winter kann man von diesem fleißigen Huhn Eier erwarten. Es wiegt zwischen 1,8 kg und 3 kg und legt bis 200 Eier pro Jahr.

2 Lakenfelder gibt es nur in der schwarz-weißen Farbvariante. Es ist ein sehr lauffreudiges und äußerst flugtaugliches Tier, das einen großen Auslauf mit einem hohen Zaun benötigt. Dafür belohnt es uns mit vielen leckeren Eiern. Es wiegt zwischen 1,25 kg und 2 kg und legt bis 160 Eier pro Jahr.

3 Ostfriesische Möwen zählen zu den Sprenkelhühnern und sind ein besonderer Blickfang. Sie sind wetterhart und daher gut für die Freilandhaltung geeignet. Sie wiegen zwischen 1,75 kg und 3 kg und legen bis zu 180 Eier pro Jahr.

4 Thüringer Barthühner sind eine alte Landrasse mit ausgeprägtem Bartschmuck. Sie sind sehr vital, lebhaft und besonders wetterunempfindlich. Ihr Futter suchen sie in einem möglichst großzügigen Auslauf gern selbst und legen fleißig Eier. Wer weniger Platz hat, sollte lieber die Zwergform wählen. Sie wiegen zwischen 1,6 kg und 2,3 kg und legen bis zu 160 Eier pro Jahr.

„ICH WILL EINEN SAFTIGEN BRATEN"

Steht einem der Sinn vor allem nach zartem, weißem Fleisch, muss man sich auf die schweren Exemplare der Hühnerzunft besinnen. Die meisten Rassen dieser Kategorie sind dem bereits erwähnten Cochintyp (Seite 12) zuzuordnen und sind sehr beeindruckende Erscheinungen. Ein Lebendgewicht von 5 oder gar 5,5 kg sind hier bei ausgewachsenen Hähnen keine Seltenheit. Auch die Hennen sind mit bis zu 4,5 kg Lebendgewicht nicht gerade als Leichtgewichte anzusehen. Ein solcher Braten macht eine vier- oder fünfköpfige Familie satt – kein Vergleich mit den Supermarkthähnchen. Aber nicht nur die Cochin und daraus entstandene Kreuzungen haben diese Riesenhühner hervorgebracht. Auch bei den Dorking, einer englischen Rasse, bringt ein alter Hahn immerhin bis zu 4,5 kg auf die Waage.

Eier legen unsere Schwergewichte natürlich auch, jedoch in wesentlich geringerer Zahl als die leichten Rassen. Bei den Dorking sind sie ausnahmsweise weiß, bei den übrigen nachfolgend genannten in braunen Farbtönen:

- Brahma
- Deutsche Langschan
- Deutsches Lachshuhn
- Malaien
- Orpington
- Sussex

1

GEMEINSAME ERKENNUNGS-MERKMALE

- massiger Körperbau
- rote Ohrscheiben beziehungsweise -lappen
- dunkel oder hell gefärbte Beine mit oder ohne Federn
- zuverlässiger Bruttrieb, gelb- bis braunschalige Eier

2

1 Brahma sind die Riesen unter den Hühnern, die eine XXL-Stallfläche und -Stalleinrichtung benötigen. Der Gang ist behäbig und gleicht – verstärkt durch die großen Federlatschen – dem einer Ente. Eier legen Brahma auch, jedoch in Maßen. Der Braten ist zwar groß, hat aber einen hohen Knochenanteil. Sie wiegen zwischen 3 kg und 5 kg und können immerhin bis zu 140 Eier pro Jahr legen.

2 Zwerg-Sussex sind eine ideale Rasse für den Selbstversorger. Sie sind sehr robust, legefreudig und haben eine gute Fleischleistung, dazu werden sie sehr zutraulich. Man kann zwischen vielen Farbenschlägen wählen. Sie wiegen zwischen 0,8 kg und 1 kg und legen bis zu 180 Eier pro Jahr.

3 Malaien sind eine außergewöhnliche Erscheinung, sie sehen ausgesprochen kämpferisch aus. Mit ihren langen Läufen und dem hoch und stolz aufgerichteten Körper erreichen die Hähne eine Höhe bis zu 90 cm. Obwohl für den Kampf gezüchtet, sind sie nicht aggressiv, werden schnell zahm, legen natürlich auch Eier und liefern einen ordentlichen Braten. Sie wiegen zwischen 3 kg und 4,5 kg und legen bis zu 60 Eier pro Jahr.

4 Deutsche Langschan sind temperamentvoll, frühreif und unempfindlich gegen Wind und Wetter. Sie liefern reichlich Eier und Fleisch und beeindrucken durch ihre große und robuste Erscheinung in verschiedenen Farbenschlägen. Sie wiegen zwischen 2,5 kg und 4,5 kg und legen bis zu 180 Eier pro Jahr.

3

4

„ICH WILL ALLES: EIER UND FLEISCH“

Der Mensch wäre nicht er selbst, wollte er nicht beides haben: Eier und Fleisch. So finden wir auch die sogenannten Zwiehühner (auch Zweinutzungshühner genannt) als Vertreter der mittelschweren Rassen am häufigsten vor. Die meisten von ihnen sind Kreuzungen aus den leichten Legerassen mit schweren Fleischhühnern. Zu ihnen zählen etwa die Sussex, ein alter Landhuhnschlag aus Südengland. Die Hennen dieser Rasse bringen es durchschnittlich auf 160 gelbe bis gelbbraune Eier im ersten Jahr und 130 im zweiten. Länger sollte man sie auch gar nicht nutzen, sondern nach dem zweiten Jahr langsam ans Schlachten denken, damit das Fleisch noch zart ist. Ein ausgewachsener Hahn wird bis zu 4 kg schwer, eine Henne etwa 3 kg.

Eine andere sehr typische Rasse des mittelschweren Huhnes mit ausgesprochen hohem Anteil Cochinblut sind die Dresdner. In jedem Fall bieten Zwiehühner die größte Auswahl an geeigneten Tieren für die kleine Hühnerhaltung. Die wichtigsten sind:

- Altsteirer
- Australorps
- Barnevelder
- Bielefelder Kennhühner
- Deutsche Lachshühner
- Deutsche Reichshühner
- Dominikaner
- Dresdner Hühner
- New Hampshire
- Niederrheiner
- Plymouth Rocks
- Rhodeländer
- Sachsenhühner
- Sulmtaler
- Sundheimer
- Sussex
- Vorwerkhühner
- Welsumer

1

GEMEINSAME ERKENNUNGSMERKMALE

- kräftige Statur
- rote Ohrscheiben
- meist gelbe Läufe
- braunschalige Eier

2

3

4

1 Sundheimer zählen zu den deutschen Kulturrassen und waren bereits vom Aussterben bedroht. Zu unrecht – denn sie liefern reichlich Eier und ein vorzügliches Tafelfleisch. Mit seinem ruhigen Temperament und dem hübschen, dichten Federkleid in angesagtem weiß-schwarzcolumbia ist es hervorragend für Hobbyhalter mit Selbstversorgungsambitionen geeignet. Auch im Winter stellt es seine Eierproduktion kaum ein. Es lohnt sich also, einen Beitrag zum Erhalt dieser alten Landrasse zu leisten. Sie wiegen zwischen 2 kg und 3,5 kg und können beeindruckende 220 Eier pro Jahr legen.

2 Deutsche Lachshühner sind mit ihrem auffälligen Bart und ihrem Federkragen, dem lachsfarbenen Gefieder bei der Henne und dem dreifarbigen Federkleid beim Hahn sowie Federschmuck an den fünf Zehen eine überaus attraktive Erscheinung. Dazu sind sie ruhig, zutraulich und keine Flugkünstler. Sie wiegen zwischen 2,5 kg und 4 kg und können bis zu 230 Eier pro Jahr legen.

3 Bei den Bielefelder Kennhühnern offenbart sich die Schönheit dieser zunächst unauffälligen Erscheinung erst auf den zweiten Blick. Das gesperberte Gefieder in Rebhuhnfarbe harmoniert sehr schön mit ländlicher Umgebung. Dieses Landhuhn ist gut für den Selbstversorger geeignet, da es große braune Eier legt und genügend Fleisch liefert. Der Begriff „Kennhuhn" weist darauf hin, dass das Geschlecht schon beim Eintagsküken durch unterschiedliche farbliche Merkmale zu „erkennen" ist. Es wiegt zwischen 2,5 kg und 4 kg und legt bis zu 190 Eier pro Jahr.

4 Das Dresdner Huhn ist ein vitales Leistungshuhn mit einer idealen Futterverwertung, also mit wenig Futter gibt es viele Eier. Das volle Gefieder trägt einen warmen, goldbraunen Farbton, aber es gibt inzwischen weitere Farbvarianten zur Auswahl. Auch im Winter stellen die Dresdner – gute Stallbedingungen vorausgesetzt – ihre Legetätigkeit nicht ein. Sie wiegen zwischen 2 kg und 3 kg und legen bis zu 200 Eier pro Jahr.

„ICH WILL NACHWUCHS: BRUTHENNEN"

Die meisten Urzwergrassen und Kämpfer sind gute Brüter. Die mittelschweren Rassen beherbergen ebenfalls eine zufriedenstellende Anzahl zuverlässiger Brüterinnen in ihren Reihen. Die Vertreterinnen der schweren Rassen brüten allesamt zuverlässig und haben darüber hinaus aufgrund ihrer Größe den Vorteil, dass man ihnen eine entsprechende Portion Eier mehr unterlegen kann.

Gute Brüterinnen bei den mittelschweren Rassen findet man hin und wieder unter anderem bei den Australorps, Barneveldern, Lachshühnern, Plymouth Rocks, Sundheimern, Sussex, Vorwerkhühnern. Bei den Deutschen Wyandotten ist der Bruttrieb generell gut ausgeprägt. Ihr volles weiches Gefieder mag die Züchter inspiriert haben, immer neue Farbschläge zu züchten. Daher finden wir sie, wie viele andere Rassen, in Weiß, Gelb, gestreift, rebhuhnfarbig gebändert bis hin zu Schwarz. Allerdings ist der Hang zum Brüten bei den Neuzüchtungen innerhalb der insgesamt über 25 Farbschläge geringer als bei den alten Zuchtvarianten.

Auch Seidenhühner gelten als gute Brüterinnen. Ihnen werden gern Eier von anderen Zierhuhnrassen oder auch Fasaneneier anvertraut. Im Übrigen sind sie nicht so wetterempfindlich, wie ihr zartes Gefieder dies auf den ersten Blick vermuten lässt.

1

1 Das Seidenhuhn ist unvergleichlich und ungewöhnlich. Das fängt beim Federkleid an, das zwar vollständig ausgebildet ist, aber keine glatten Federn aufweist. Es fehlen die in der Federfahne befindlichen Häkchen, die die Strahlen zu einer glatten Feder verbinden. Dadurch gewinnen die Hühnchen ein plüschiges Aussehen. Dabei sind sie erstaunlicherweise nicht empfindlich gegenüber Witterungseinflüssen. Fliegen können sie allerdings nicht. Weitere Besonderheiten sind ihr Schopf, ihre dunkle Haut, türkisfarbene Ohrscheiben und fünf Zehen. Sie werden sehr zutraulich, sind besonders zuverlässige Brüterinnen und in vielen Farbenschlägen erhältlich. Sie wiegen zwischen 0,8 kg und 1 kg und legen bis zu 80 Eier pro Jahr.

2 Federfüßige Zwerghühner sind besonders für die Haltung in kleinen Gärten geeignet, da sie dank ihrer ausladenden Federlatschen an den Füßen nur wenig scharren und dadurch den Bewuchs schonen. Sie sind zierlich, hübsch bunt,

2

3

4

werden schnell handzahm, sind häufig gute Brüterinnen und legen eine überschaubare Menge Eier. Da sie allerdings gegen die „Mareksche Krankheit“ empfindlich sind, sollten sie gleich nach dem Schlupf geimpft werden. Sie wiegen zwischen 0,65 kg und 0,75 kg und legen bis zu 100 Eier pro Jahr.

3 Zwerg-Cochin sind Urzwerge und in ihrem fülligen Format sowie ihren befiederten Zehen eine Augenweide, sie gleichen einem hübschen „Federbällchen“. Die Auswahl der Farbvarianten ist groß, daher ist für jeden Geschmack etwas dabei. Sie sind eher gemütlich mit einem umgänglichen Wesen, rasen- und nervenschonend, ambitionierte Brüterinnen, aber nicht die fleißigsten Legerinnen. Sie wiegen zwischen 0,7 kg und 0,85 kg und legen bis zu 80 Eier pro Jahr.

4 Zwerg-Wyandotten sind ideale Einsteigerhühner mit einer großen Auswahl an Farbenschlägen, einer attraktiven Körperform, einer guten Vitalität für die Haltung im Freien, einem geringen Platzbedarf und einer erstaunlichen Legeleistung. Für Kinder sind diese hübschen Zwerge ideal, da sie sehr zutraulich werden und sich gerne streicheln lassen. Wer seine Hühnerschar vermehren möchte, hat ebenfalls gute Chancen, da die meisten Farbenschläge zuverlässige Glucken liefern. Sie wiegen zwischen 0,9 kg und 1 kg und legen immerhin bis zu 180 Eier pro Jahr.

AUSWAHL NACH PERSÖNLICHEM GESCHMACK

NEBEN DEN EBEN ERLÄUTERTEN KRITERIEN Eier- und Fleischleistung können auch andere Aspekte eine Hauptrolle spielen: dann nämlich, wenn Rassen allein wegen ihrer Schönheit oder ihres zutraulichen Wesens unseren Garten bereichern sollen. Hier echte Entscheidungskriterien an die Hand zu geben, fällt schwer. Denn über Geschmack lässt sich ja bekanntlich nicht streiten. Es ist aber wichtig, sich zuerst im Interesse der Tiere an den gegebenen Platzverhältnissen zu orientieren.

AUSWAHL NACH PLATZVERHÄLTNISSEN

AUF DIE KONKRETEN ZAHLEN zum Platzbedarf der Hühner für den Stall und den Auslauf werden wir im Kapitel zur Haltung noch näher eingehen (Seite 96/97). Hier wollen wir nur ein paar grundsätzliche Dinge als weitere Entscheidungshilfe herausstellen. Als Faustregel kann man sagen: Je größer das Huhn, desto mehr Platz braucht es. Innerhalb dieses recht großen Spielraumes sind jedoch noch viele Dinge zu bedenken, die nicht in das vorgegebene Gewichtsschema passen wollen. Zum einen sind die Gewichts- und Größenunterschiede etwa zwischen leichten Legerassen und mittelschweren Rassen oder zwischen diesen und den schweren Rassen mitunter fließend, zum anderen spielen die stark abweichenden Temperamente eine Rolle. So müsste man etwa den Dresdener Hühnern, zur mittelschweren Kategorie gehörend und mit viel Temperament ausgestattet, den gleichen Bewegungsraum zubilligen wie den Dorkings als Vertreter der schweren Zunft, denen aber ein sehr ruhiges Temperament nachgesagt wird. Auch innerhalb der Kategorien leicht, mittelschwer und schwer gibt es große Unterschiede: Denken wir etwa bei den leichten Legerassen an die Krüper; mit ihren kurzen Beinen und ihrem zutraulichen Wesen sind sie sicherlich mit weniger Platz zufrieden als die äußerst lebhaften Italiener.

Einfacher wird die Entscheidung, wenn wir uns überlegen, ob wir statt einer Großrasse lieber eine Zwergrasse halten sollen (Seite 14). Hier können wir in unseren Platzkalkulationen ruhig um ein Drittel, in manchen Fällen gar um die Hälfte zurückgehen. Rechnen wir bei einer mittelschweren Großrasse mit drei bis vier Tieren pro Quadratmeter Stallraum, so könnten wir auf derselben Grundfläche im Extremfall sechs bis acht Tiere der Zwergform derselben Rasse unterbringen beziehungsweise den Stallraum für drei bis vier Zwerghühner entsprechend kleiner wählen.

GUT ZU WISSEN

Die Frage des Temperaments ist in vielen Fällen für den Platzbedarf der Tiere weit ausschlaggebender als die Zugehörigkeit zu den leichten, mittelschweren oder schweren Rassen.

Eine kleine Schar Federfüßige Zwerghühner…

UND WER SICH GAR NICHT ENTSCHEIDEN KANN …

WER SICH NICHT ENTSCHEIDEN KANN, dem bleibt die Möglichkeit, Individuen verschiedener Rassen und Farbenschläge zu mischen und sich so eine bunte Schar zusammenzustellen. In einem solchen Fall sollten wir darauf achten, dass die verschiedenen Rassen möglichst ein ähnliches Temperament haben, damit die lebhafteren Tiere die zurückhaltenderen Artgenossen nicht unnötig plagen. Darüber hinaus kann es für manchen sehr reizvoll sein, im Laufe seines Hühnerhalterdaseins selbst Nachwuchs ausbrüten zu lassen und so zumeist unerwartet schöne Hühnervariationen zu „produzieren".

EIN GESUNDES HUHN ERKENNEN

WENN WIR UNS GERADE ENTSCHLOSSEN HABEN, zum Hühnerhalter zu werden, und immer dann, wenn wir neue Hühner hinzukaufen wollen, stehen wir vor der Frage, woran man ein gutes, sprich gesundes und leistungsfähiges Huhn erkennt. Um keine bösen Überraschungen zu erleben, sollte sich der Laie am besten an einen erfahrenen Nachbarn oder Bekannten wenden. Außerdem können die ortsansässigen Kleintierzüchter sicher weiterhelfen.

Aber auch als Laie und ohne fremde Hilfe ist es mit etwas Zeit und guter Beobachtungsgabe möglich, den Allgemeinzustand eines Tieres zu beurteilen. Ein gesundes Huhn ist aktiv, neugierig und reagiert auf Geräusche und Bewegungen. Das Gefieder ist sauber und vollständig und liegt locker am Körper an. Kamm und Kehllappen sollten gleichmäßig gefärbt und durchblutet sein. Die Augen müssen klar sein, der Schnabel kurz und kräftig. Die Haut und das Gefieder um die Afteröffnung herum darf nicht verklebt und verschmutzt sein. Die Beine und Zehen sollten gerade und ohne Schwellungen und Verkrustungen sein. (Weiteres zum Thema Hühnergesundheit lesen Sie ab Seite 162; insbesondere die Merkmale eines gesunden Huhns sind noch einmal auf Seite 164 zusammengefasst.)

Gesunde Hühner gehen engagiert und neugierig ihrem Tagesgeschäft nach.

FRAGEN UND ANTWORTEN ZUM HÜHNERKAUF

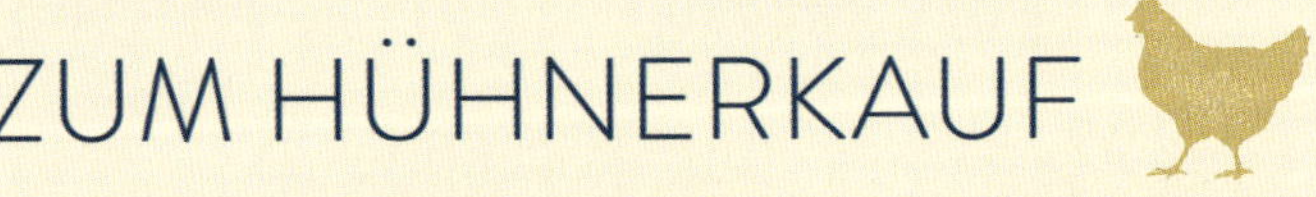

Wo bekomme ich Hühner her?

Wenn man in der näheren Umgebung keinen Hühnerhalter hat, der Tiere abgibt, bietet sich der Kontakt zum örtlichen Geflügelzuchtverein an. Dort kann man sich auch beraten lassen. Mit ein wenig Erfahrung bei der Auswahl von Hühnern können wir natürlich auch im Internet fündig werden. Bauernhöfe und manche Wochenmärkte auf dem Land sind ebenfalls Möglichkeiten.

Sollte ich Küken, Junghühner oder legereife Hennen kaufen?

Der Kauf von Küken und Junghühnern erfordert in vielerlei Hinsicht eine gewisse Erfahrung. Am sichersten für den Einsteiger ist der Kauf von legereifen Hennen, die auch bereits mit den nötigen Impfungen versehen sind. Aber auch ältere Tiere sind durchaus zu empfehlen.

Was kostet ein Huhn ungefähr?

Eine legereife Henne kostet normalerweise zwischen 10 und 20 Euro. Bei speziellen oder seltenen Rassen kann der Preis natürlich deutlich höher liegen. Ältere Tiere werden im Internet schon für 1 bis 2 Euro angeboten.

Wie transportiere ich meine Hühner?

Für einen kurzen Transport reicht eine einfache Kiste oder ein Karton. Wichtig ist, dass die Tiere genug Platz haben, das heißt, sich bequem umdrehen können, und natürlich, dass sie genügend Luft bekommen. Der Boden des Transportbehältnisses sollte mit saugfähigem Material belegt oder eingestreut werden. Futter und Wasser sind bei solch kurzen Transporten nicht erforderlich. Für längere Transporte sollten wir uns eine professionelle Transportkiste besorgen.

Dieses vitale Küken kann bald in ein neues Zuhause umziehen.

Federvieh im Detail: der Hühnerkörper und wie er funktioniert

Auch der Hobby-Geflügelhalter sollte unserer Meinung nach über den Bau der Körperteile und über die einzelnen Lebensvorgänge seiner Schützlinge Grundlegendes wissen. Wichtig ist dies insbesondere für das Erkennen und Behandeln von typischen Hühnerkrankheiten, aber auch für die tiergerechte Haltung allgemein. Wollen wir unser Haushuhn in seiner Ganzheit erfassen und verstehen, sollten wir unsere Betrachtung mit dem Äußeren beginnen und uns allmählich in kompliziertere Strukturen und Vorgänge im Inneren des Hühnerkörpers hineindenken.

DAS ÄUSSERE ERSCHEINUNGSBILD

BEI GESPRÄCHEN UNTER HÜHNERHALTERN, insbesondere bei den Rassegeflügelzüchtern, spielen die sichtbaren Körperteile der Tiere und die eigens dazu entwickelten Beurteilungskriterien eine entscheidende Rolle. Die Hauptkörperteile sind der Kopf mit Gesicht, Augen, Schnabel, Kamm und Kehllappen, der Hals, der Rücken, die Flügel und der Schwanz mit der entsprechenden Befiederung, die Brust und der Bauch, die Läufe mit Schenkeln, Ständern, Zehen und Sporen.

Nicht zuletzt zur Beurteilung des Gesundheitszustands sollten wir uns damit auskennen. Schauen wir uns die äußere Erscheinung unserer Hühner also einmal genauer an.

Die wichtigsten Körperteile unseres Haushuhns.

EINIGE ZAHLEN ZUR BIOLOGIE DES HUHNS

Körpergewicht (je nach Rasse)	1,5–4,5 kg
Körpertemperatur	40–43 °C
Herzschläge	350–480 pro Minute
Atemzüge	20–40 pro Minute
Blutmenge	6,5–8 % des Körpergewichts
durchschnittliches Alter der Henne bei Geschlechtsreife	5,5 Monate
durchschnittliches Alter des Hahnes bei Geschlechtsreife	5 Monate

DAS GEFIEDER

Sehen wir uns eine Feder einmal genauer an, können wir nur staunen. Führen wir uns vor Augen, welch wichtige Funktion das Federkleid für die Hühner hat, so leuchtet ein, dass die Sorgfalt der Natur für diese Detaillösung nicht von ungefähr kommt.

Aufbau und Entstehung einer Feder

Zunächst fallen als wesentliche Feder-Bestandteile der Federkiel und die sogenannte Fahne ins Auge. Der Kiel wiederum besteht aus einem unteren Teil, der Spule, und dem wesentlich längeren Schaft. Die Spule ist hohl, durchscheinend und mit ihrer nabelartigen Vertiefung, der Federpapille, in der Oberhaut des Huhnes verankert.

Der Schaft trägt beidseitig die Fahne. Diese setzt sich aus einzelnen Ästen zusammen, die an ihren Rändern einen fein gegliederten Saum unzähliger, faserförmiger Strahlen besitzen. Am Ende dieser Strahlen schließlich befinden sich mikroskopisch kleine Häkchen, mit deren Hilfe sie sich zu einer geschlossenen Federfahne verzahnen. Am unteren Teil der Fahne fehlen diese Häkchen. Dadurch erscheint die Feder an dieser Stelle daunenartig locker.

Entstehungsort aller Federn ist die Federpapille. Bereits auf der Oberfläche des Embryos – bei unserem Haushuhn gegen Ende der ersten Brutwoche – ist sie als kegelförmige Erhebung sichtbar. Zwischen dem 12. und 13. Bruttag wächst hier die Daune aus der Federpapille zu ihrer vollen Größe heran und wird schließlich nach dem 15. bis 17. Tag von der sogenannten Federscheide allseitig umschlossen. Ist das Küken geschlüpft, platzt die Federscheide auf und fällt bei weiterer Austrocknung als der bekannte Kükenstaub ab. Dabei gibt sie die weichen Daunenfedern frei, die die Küken wie kleine lockere Federbällchen erscheinen lassen und Erwachsene wie Kinder in Entzücken versetzen.

Die Federn werden regelmäßig wieder in Form gebracht ... Bei diesem Federfüßigen Zwerghuhn sieht man sehr gut Deckfedern, Schwungfedern sowie dazwischen liegende Daunen.

Verschiedene Federformen

Je nach Funktion und Aufbau unterscheiden wir zwischen Deck- oder Konturfedern, Flaum- oder Daunenfedern und Haar- oder Fadenfedern.
Die Deckfedern bilden das eigentliche Federkleid und damit den äußeren Körperabschluss des Hühnervogels. Sie sind Schutz gegen die Unbilden der Witterung, insbesondere gegen Nässe, und gegen Verletzungen. Dazu besitzen sie einen besonders steifen Schaft und eine festgefügte Fahne. Die Deckfedern am Flügel und am Schwanz bezeichnet man wegen ihrer besonderen Funktion als Schwung- beziehungsweise Steuerfedern.

Die Daunenfedern sind entsprechend ihrer andersartigen Bauweise und Aufgabe zart und locker. Ihr Kiel ist viel dünner als der der Deckfedern und besitzt lange Äste mit feinen, fadenförmigen Strahlen, an denen die Häkchen fehlen. Die Daunen befinden sich zwischen und unterhalb der Deckfedern und bieten dem Huhn durch ihren lockeren Aufbau und die dazwischenliegenden Luftpolster einen ausgezeichneten Kälteschutz. Und ohne Daunenfedern wäre auch das Brüten gar nicht möglich. Wer einmal eine brütende Glucke genau beobachtet, wird feststellen, dass sie ihr Federkleid aufplustert und sich erst dann mit diesem luftgefüllten „Mantel" vorsichtig auf den Eiern niederlässt. Denn nur mithilfe dieses Luftpolsters zwischen den weichen Daunenfedern kann sie die erforderliche Bruttemperatur erzeugen und halten.

GUT ZU WISSEN

An kalten Tagen können wir bei Hühnern, wie bei anderen Vögeln auch, beobachten, dass sie sich zum Schutz gegen die Kälte aufplustern und sich so mit einem isolierenden „Luftmantel" umgeben.

Die Fadenfedern schließlich besitzen einen sehr weichen Schaft und eine zurückgebildete Fahne, die manchmal auch gänzlich fehlen kann. Wir finden sie zwischen den Deckfedern und vor allem am Schnabelgrund, an den Augen und Ohren und ganz besonders ausgeprägt bei manchen Rassen, wie etwa dem Seidenhuhn.

Der Federwechsel

Während seines Heranwachsens und seines weiteren Lebens durchläuft das Huhn mehrere Befiederungsstadien. Nach dem Schlupf hat das Küken zunächst das Daunengefieder. Ungefähr ab der zweiten Lebenswoche, je nach Rasse, entwickelt sich das Jugendkleid und schließlich um die 18. bis 20. Lebenswoche das Erwachsenengefieder. Da das Federkleid aber ständig einer starken Abnutzung ausgesetzt ist, sei es durch die Witterungseinflüsse oder starke Beanspruchung im Flug, muss es von Zeit zu Zeit im Rahmen der Mauser erneuert werden.

Die Mauser

Als Mauser bezeichnet man den Wechsel des gesamten Federkleides. Sie tritt in der Regel nach 12- bis 15-monatiger Legetätigkeit als sogenannte Vollmauser auf. Es handelt sich hierbei um einen natürlichen, aber sehr vielschichtigen physiologischen Vorgang, der dem Haarwechsel beim Säugetier entspricht.

Beginn und Dauer der Mauser sind individuell sehr unterschiedlich. In unserem Klima tritt sie meist im Spätherbst oder Winter auf, wobei sie durch äußere Einflüsse wie Stallwechsel, Futterwechsel oder Witterungsumschlag verzögert oder auch beschleunigt werden kann. Die Mauser dauert zwei bis drei Monate, wobei fleißige und ausdauernde Legerinnen häufig die kürzesten Mauserperioden haben.

Der Ablauf des Federwechsels ist ebenfalls sehr verschieden. Bei manchen Tieren erfolgt er stufenweise, andere dagegen „entkleiden" sich durch einen fast gleichzeitigen Ausfall der Federn für eine gewisse Zeit nahezu vollkommen.

Neben der beschriebenen Vollmauser kennen wir noch die sogenannte Teil- oder Halsmauser, bei der sich der Federwechsel auf die Halspartie beschränkt. Bei ausgewachsenen Hennen kann es beispielsweise nach einer anstrengenden Winterlegetätigkeit zu einer Halsmauser kommen, wobei die Tiere ihre Legetätigkeit jedoch meist nur für kurze Zeit unterbrechen. Gefürchtet ist diese Erscheinung vor allem bei Junghennen, die sehr früh mit dem Legen begonnen haben, dabei aber nicht ausreichend ernährt wurden oder durch Haltung in überfüllten Ställen in ihrem Wohlbefinden beeinträchtigt waren.

GUT ZU WISSEN

Die Mauser bedeutet für die Tiere eine erhebliche körperliche Belastung. Sie haben während dieser Zeit ein kränkliches Aussehen, bekommen einen blassen, eingefallenen Kamm und legen keine Eier, ihre Legeorgane bilden sich sogar vorübergehend zurück.

DER KAMM

Dieser Körperteil ist einer der auffälligsten äußerlichen Merkmale der Gattung Huhn. Je nach Rasse unterscheiden wir Einfachkamm, Rosenkamm, Erbsen- und Wulstkamm. Am häufigsten finden wir den Einfachkamm, der im Übrigen auch die Hauptstammform des Haushuhnes, das Bankivahuhn, ziert. Aus dieser Kammform hat schließlich der Mensch die anderen Kammformen gezüchtet, indem er erblich bedingte „Ausrutscher" als Kuriosum erhielt und weiter vermehrte. Dieses einfache Zuchtprinzip wurde natürlich auch für alle möglichen anderen Merkmale erfolgreich angewendet.

Der Kamm eines Huhnes ist jedoch nicht allein Zierde und Rassemerkmal. Größe und Farbe sind stark den Einflüssen der Hormone unterworfen, wie wir noch am Beispiel der Glucke sehen werden (Seite 140). Auch Fütterungs- und Haltungsfehler zeigen sich manchmal am Aussehen des Kammes. So besitzen ausschließlich im Stall gehaltene Tiere häufig große Schlappkämme. Man vermutet, dass die Vergrößerung der Kämme den Mangel an Sonnenlicht ausgleichen soll.

Großer Wert wird bei den Rassegeflügelhaltern auf eine einwandfreie und die für die spezielle Rasse genau definierte Beschaffenheit des Kammes gelegt. So mancher „Schlauberger" hat daher schon einmal mit Schere und Messer versucht, der Natur ein wenig nachzuhelfen. Gott sei Dank wird diese Tierquälerei bei den Geflügelschauen von den geschulten Preisrichtern gleich erkannt und mit Ausstellungsverbot geahndet.

Verschiedene Kammformen

Der Einfachkamm soll fünf Zacken besitzen. Häufig kommen auch Nebenzacken, verschiedene Einbuchtungen und Verkümmerungen an der Kammfahne vor. Für die Legeleistung sind diese geringen Abweichungen nicht von Bedeutung. Zur Präsentation auf Rassegeflügelschauen sind sie aber nicht geeignet. Beim Hahn soll der Kamm aufrecht stehen. Bei der Henne darf er zu einer Seite überfallen. Bekannte Träger dieser Kammform sind Amerikanische Leghorn und Italiener.

Der Rosenkamm ist auf breitem Grund unten aufgesetzt und mit kleinen, gleichmäßig hohen Fleischknötchen, sogenannter Perlung, bedeckt. Er läuft zum Hals hin in ein freistehendes Ende aus, den sogenannten Dorn. Vertreter dieser Kammformen sind unter anderem die Rassen Hamburger, Rheinländer und ein Schlag der Rhodeländer.

Der Erbsenkamm besteht aus drei Reihen perlenartig aneinandergereihter Knötchen, wobei die mittlere Reihe erhaben hervortritt. Typische Vertreter dieser Variante sind Brahma und Indische Kämpfer.

Einfachkamm.

Rosenkamm bei einem Hamburger Hahn.

Der Wulstkamm, auch Nelken- oder Walnusskamm genannt, besteht aus einem ungegliederten Fleischknoten unterschiedlicher Stärke. Träger dieser zumeist bescheidenen Zierde sind beispielsweise Kraienköppe, Malaien oder auch die zierlichen Seidenhühner.

Zu den auffälligen Besonderheiten zählen sicherlich der Hörner- und der Geweihkamm, die den französischen Rassen La Flèche beziehungsweise Crève-Coeur das Aussehen kleiner Teufelchen verleihen.

DER SCHNABEL

Nachdem die Natur im Laufe der stammesgeschichtlichen Entwicklung der Lebewesen bei den Vögeln die Vordergliedmaßen zu Flügeln umgebildet hat, kommt dem Schnabel als „Werkzeug“ für die Futter- und Wasseraufnahme, den Nestbau und die Verteidigung eine besondere Bedeutung zu. Je nach Lebensweise der einzelnen Vogelarten hat er eine besondere Form: beim Raubvogel anders als beim Körnerfresser, beim Insektenjäger anders als beim Allesfresser, bei Wasservögeln wieder anders als bei Landbewohnern, schließlich ist er bei den Spechten gar zu einem echten Werkzeug ausgebildet.

Sogar Schnabelformen, die wir bei unseren Haushühnern als Anomalien ansehen, wie etwa der Kreuzschnabel, kommen in der Natur funktionsbezogen als notwendige Abwandlung der Normalität beim Fichtenkreuzschnabel vor. Diese abnorme Schnabelform, bei der der Oberschnabel quer über dem Unterschnabel liegt und die Schnabelspitze stark nach unten gekrümmt ist, kommt bei Haushühnern recht häufig vor. Grund für diese Erscheinung ist in der Regel eine asymmetrische Ausbildung der Kiefer- und Nasenbeine. Tieren mit solchen Missbildungen bereitet es Schwierigkeiten, Futter aufzupicken. Ihre Leistung kann dementsprechend stark eingeschränkt oder ihr Leben überhaupt gefährdet sein. Wir können ihnen helfen, wenn wir die Schnäbel stutzen und möglichst tiefe und gut gefüllte Futtergefäße vorsetzen. Da Tiere mit starken Schnabelmissbildungen jedoch den Auslauf mit seinem reich gedeckten Tisch an Kerbtieren, Würmern, Sämereien und Grünzeug nicht optimal nutzen können, ist es am besten, sie frühzeitig aus der Herde zu nehmen und zu schlachten.

DIE SPOREN

Die sogenannte Besporung an der Innenseite der Ständer ist normalerweise ein Merkmal für den Hahn, doch tragen gelegentlich auch ältere Hennen Sporen, was vermutlich an einem geringfügig geänderten Verhältnis der Geschlechtshormone liegt, etwa zu vergleichen mit einem Damenbart beim Menschen. Der Spore hat einen knöchernen Kern, der von einem schwammigen Gewebe umgeben und einer verhornten Schicht bedeckt ist, die sich wie eine Kralle abnützt und neu bildet. Lange Sporen sind bei Zuchthähnen unerwünscht, weil die Gefahr besteht, dass sie beim Tretakt die Henne verletzen. Bei manchen Hähnen finden wir auch doppelt ausgebildete Sporen, die in einer Linie unmittelbar untereinander am Ständer sitzen.

Eine zumindest für uns Mitteleuropäer unrühmliche Rolle spielen die Sporen bei den professionellen Hahnenkämpfen in manchen Ländern, die dort eine ähnlich gewachsene Tradition wie die blutigen Stierkämpfe haben. Die Kampfhähne werden eigens für diesen blutigen „Sport" gezüchtet. Dabei genügt es manchen Kampfhahnbesitzern oder den Veranstaltern oft nicht mehr, wenn die Tiere sich mit ihren scharfen Sporen schwere Verletzungen zufügen. Sie binden ihnen zu allem Überfluss noch scharf geschliffene Messerchen an die Sporen, um den Reiz für die Zuschauer und die Wettlustigen – denn um Geld geht es hier wie überall – zu erhöhen. In fast allen europäischen Ländern gelten Hahnenkämpfe als Tierquälerei und sind deshalb gesetzlich verboten.

DAS SKELETT

DAS SKELETT ist das stützende Knochengerüst des Körpers. Es gibt den Weichteilen Halt und umgibt sie schützend. Es bildet Gelenke und dient dem Ansatz der Muskeln. Hühnerknochen sind extrem leicht, viele sogar mit Luft gefüllt. Obwohl sich unsere Hühner hauptsächlich laufend fortbewegen, ist dies für ihre Flugfähigkeit von großer Bedeutung. Außerdem werden in den Knochen wichtige Mineralstoffe (zum Beispiel Kalzium) gespeichert, und sie spielen eine wichtige Rolle bei der Bildung der Blutkörperchen.

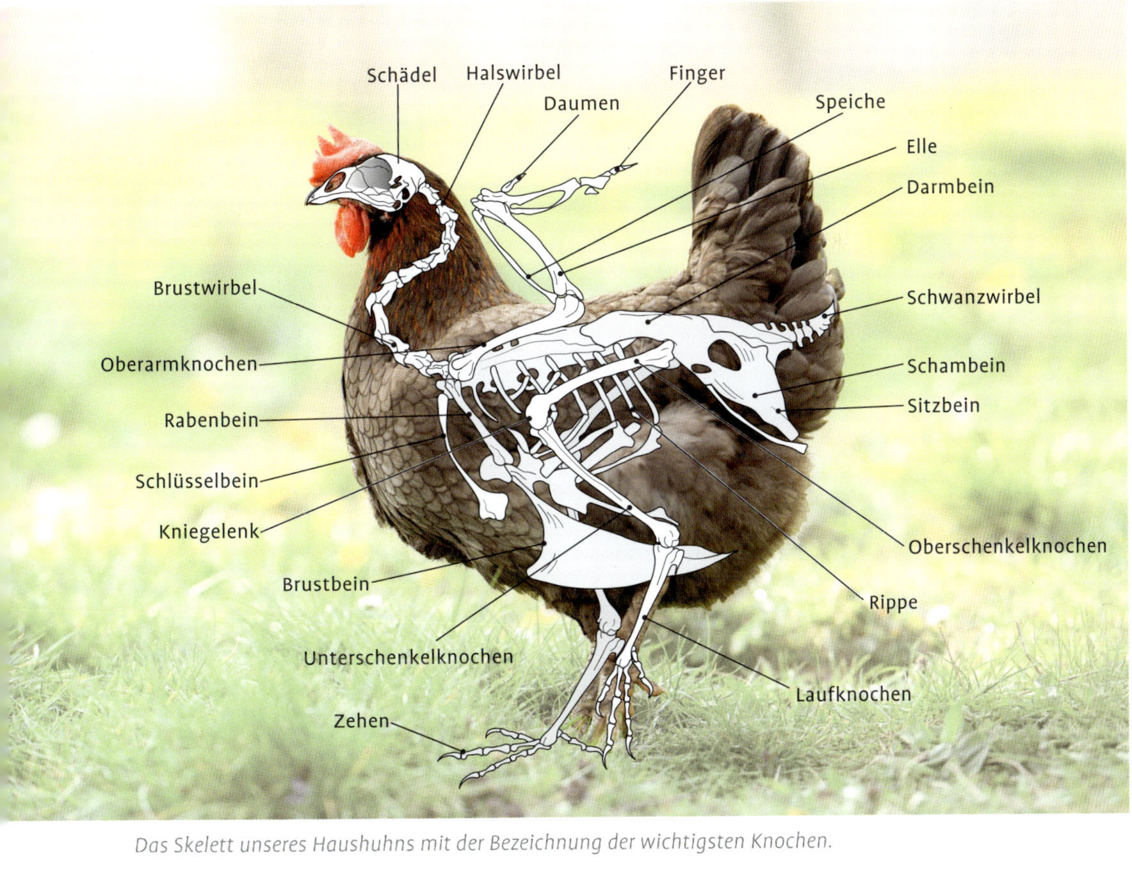

Das Skelett unseres Haushuhns mit der Bezeichnung der wichtigsten Knochen.

DER SCHÄDEL

Die einzelnen Schädelknochen und -platten formen den charakteristischen Kopf des Huhnes mit den Augen, den kaum sichtbaren Ohren und dem spitz zulaufenden Schnabel. Der Kopf enthält und schützt das Gehirn und die Sinnesorgane. Die Zoologen unterscheiden nach diesen Funktionen auch den sogenannten Hirnschädel und den Gesichtsschädel, dessen Umfang im Wesentlichen durch Form und Größe des Schnabels gekennzeichnet ist und der beim Körnerfresser wie dem Huhn den umfangreicheren Teil des Kopfes ausmacht. In den Hirnschädel, der wie eine große gebogene Platte erscheint, ist das Zentralnervensystem, sprich das Gehirn, eingebettet. Der Gesichtsschädel mit dem Schnabel als prägendem Element ist Träger der Sinnesorgane, wie etwa der seitlich am Kopf angeordneten Augen, die wohlgepolstert in einer Fettschicht in den dafür vorgesehenen Schädelhöhlungen liegen.

DAS RUMPFSKELETT

Zunächst sind 13 Halswirbel zu unterscheiden, die eine s-förmig angeordnete Halswirbelkette bilden. Durch diese Anordnung ist das Huhn leicht in der Lage, seinen Kopf auszubalancieren und Bewegungen nach allen Richtungen auszuführen. Das ist nicht nur dafür wichtig, einen Feind rechtzeitig zu erkennen, sondern auch für eine ordnungsgemäße Gefiederpflege mit dem Schnabel. Darüber hinaus ist der erste Wirbel, der sogenannte Atlas, etwas kleiner und so ausgeführt, dass das Huhn imstande ist, seinen Kopf um 180 °Grad zu drehen. Dieses Phänomen gilt jedoch nicht allein für das Huhn. Rekordhalter in dieser Übung sind die Eulen, bei denen dem Zuschauer beim bloßen Hinsehen schwindlig werden kann.
Die sich anschließenden sieben Brustwirbel sind größtenteils knöchern untereinander und mit dem Beckenteil der Wirbelsäule verwachsen. Die 13 bis 14 Lenden- und Kreuzwirbel sind ebenfalls miteinander verschmolzen und bilden das eigentliche Becken. Den Abschluss der Wirbelsäule bilden sechs Schwanzwirbel, wobei der letzte recht groß und plattenförmig ausgebildet ist. Damit bietet er der Schwanzmuskulatur für ihre Steuerfunktion einen ausgezeichneten Ansatzpunkt.

Entsprechend der Anzahl der Brustwirbel besitzt das Huhn sieben Rippenpaare, die zusammen mit dem kräftigen Brustbein den Brustkorb bilden, der die inneren Organe und Eingeweide schützt. Das Brustbein selbst ist der größte Knochen des Skeletts und gleicht einem mächtigen Schutzschild mit einem an der Unterseite genau in der Mitte verlaufenden Kamm oder Kiel. Letzterer ist ein hervorragender Ansatzpunkt für die kräftigen

HINTERGRÜNDE:

DIE STAMMESGESCHICHTLICHE ENTWICKLUNG DES SKELETTS

WIR WISSEN HEUTE, dass die Vögel aus den Reptilien hervorgegangen sind. Das wird durch die große Ähnlichkeit des Knochengerüstes der Vögel mit dem der Schuppen tragenden Reptilien belegt. Ähnlich den Archosauriern erwarben die Vögel schließlich im Laufe ihrer stammesgeschichtlichen Entwicklung die Fähigkeit, auf den Hinterbeinen zu gehen. Auch das Fliegen haben sie den Sauriern abgeschaut. Denn schon vor dem Urvogel, dem Archäopteryx, bevölkerten Flugsaurier mit Spannweiten wie ein Segelflugzeug die Erde. Erst später tauchten flugtaugliche Lebewesen auf, die statt der Flughäute Flügel aus Federn besaßen und schließlich eine von den Reptilien getrennte Entwicklung nahmen. Das war nur möglich durch eine Jahrmillionen dauernde schrittweise Anpassung des Skeletts an die Erfordernisse der neuen Fortbewegungs- und Lebensart. Der Rumpf hat sich verkürzt, der lange Schwanz der Reptilien zurückgebildet, der Schädel wurde gedrungen bei gleichzeitiger Aufwertung des Inhalts – sprich Intelligenz – und die Knochen wurden zur Verringerung des Gewichts mit lufthaltigen Hohlräumen versehen.

In der Klasse der heute lebenden Vogelarten gibt es wiederum je nach Lebens- und Ernährungsgewohnheiten sehr unterschiedliche Körperformen. Ein typischer Laufvogel etwa wie die europäische Trappe ist völlig anders gebaut als ein Mauersegler, der den größten Teil seines Lebens in der Luft zubringt und nur recht verkümmerte Fußwerkzeuge aufweist. Die Entenvögel besitzen einen speziellen Schnabel und haben zur Fortbewegung auf dem Wasser Schwimmhäute zwischen den Zehen. Unser Haushuhn ist wie die meisten anderen Hühnervögel zwar durchaus flugtauglich, doch hält es sich vorwiegend laufend und scharrend auf dem Boden auf und schwingt sich nur im Notfall für kurze Strecken in die Luft. Daraufhin ausgebildet und angepasst sind auch seine Körperform und insbesondere seine kräftigen Beine.

Alles in allem stellt der Körperbau des Huhnes eine auf seine Lebens- und Ernährungsgewohnheiten hin ausgerichtete harmonische Einheit dar, aus Jahrmillionen heraus nach zufälligen Veränderungen des Erbgutes, durch äußere Umwelteinflüsse zunächst unterstützt und schließlich optimiert. ■

GUT ZU WISSEN

Während der Archäopteryx noch Zähne, Klauen, relativ schwere Knochen und ein primitives Gehirn besaß, sind unsere heutigen Vogelarten im Vergleich zu den Reptilien hoch spezialisierte und intelligente Tiere.

Flugmuskeln. Allerdings kommen bei diesem wichtigen Knochen oft Verbiegungen und Verunstaltungen vor. Teils sind diese erblich bedingt, teils auf Fehler in der Ernährung (zum Beispiel Kalzium- oder Vitamin-D-Mangel) oder in der Haltung zurückzuführen. Daher sollte man vermeiden, die jungen Hühner zu früh, das heißt in ihrer Wachstumsphase, schon an Sitzstangen zu gewöhnen, da das häufige Auf- und Abspringen derartige Deformationen am Brustbein fördert.

Der Teil des Beckens, in dem sich bei der Henne der Eierstock und das Legeorgan befinden, wird von den miteinander verwachsenen Darm-, Sitz- und Schambeinen gebildet.

DIE GLIEDMASSEN

Bleiben wir noch im Bereich des Beckens, so sehen wir, dass in der Gelenkpfanne des Darmbeines – von außen nicht sichtbar – der Oberschenkelknochen angesetzt ist, der über das Kniegelenk mit dem Unterschenkel verbunden ist. Die sich anschließenden Fußwurzel- und Mittelfußknochen sind zu einem kräftigen Laufknochen miteinander verschmolzen und werden fälschlicherweise oft als Unterschenkel angesehen. Dieser Eindruck drängt sich dem unbeteiligten Beobachter zunächst auch auf, weil der Oberschenkel nicht sichtbar und auch das Knie vom Federkleid bedeckt ist.

Die Lage der Gliedmaßen.

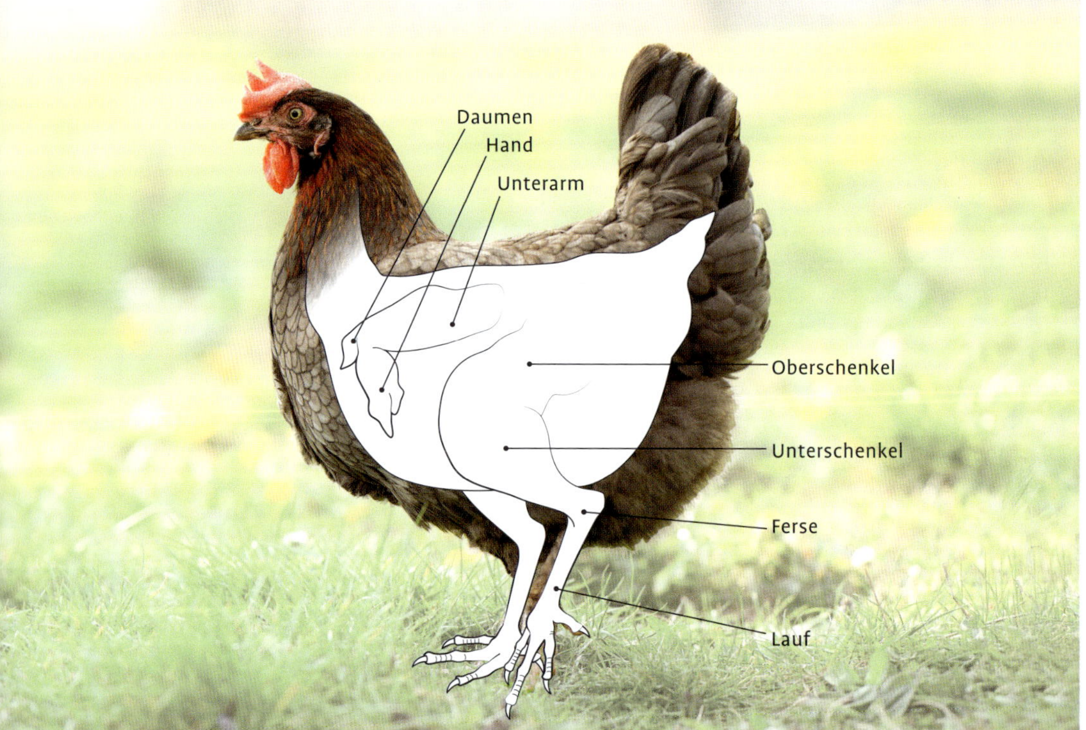

Der Laufknochen schließlich ist über Gelenke mit den Zehen verbunden. Die meisten Hühnerrassen besitzen vier Zehen mit Krallen. Ausnahmen sind zum Beispiel die Lockenhühner und die Seidenhühner, die von der Natur mit einem zusätzlichen Zeh bedacht wurden. Da die Zehen gekrümmt werden können, ohne dass besondere Muskeln bemüht werden müssen, kann das Huhn lange, egal ob wach oder schlafend, auf einem Ast oder einer Stange sitzen, ohne herabzufallen.

Die Vordergliedmaßen sind für das Fliegen umgebildet. Sie werden durch den Schultergürtel mit dem Vogelkörper verbunden. Der Schultergürtel selbst besteht aus einem langen schmalen, dem Brustbein eng anliegenden Knochen, dem Schulterblatt, ferner dem Schlüsselbein und dem kräftig entwickelten Rabenbein. Alle drei genannten Knochen vereinigen sich in ihrem Schnittpunkt zu einer Gelenkpfanne und bilden den Dreh- und Angelpunkt für den Flügel. Diesen wiederum kann man als einen für eine spezielle Funktion umgerüsteten Arm bezeichnen. Er besteht aus einem kräftigen Oberarmknochen, einem aus Elle und Speiche bestehenden Unterarm und einer verkümmerten Hand mit drei zurückgebildeten Fingern einschließlich des Daumens, der mit einer kleinen Kralle versehen ist.

DIE SINNE

UM VERSTEHEN zu können, wie unsere Hühner auf uns und ihre Umwelt reagieren, ist es gut zu wissen, wie ihre Sinne ausgeprägt sind. Sprechen sie mehr auf Augenreize als auf Geräusche an? Können sie Gerüche wahrnehmen? Wie ist es mit ihrem Geschmacks- und Tastvermögen bestellt?

SEHEN

Während gute Flieger wie Tauben, Gänse und Enten oder Steppenbewohner wie Puten ein weites Gelände überblicken müssen, um geeignete Nahrungsvorkommen oder Feinde rechtzeitig erkennen zu können, ist das Huhn als ursprünglicher Urwald- und Gebüschbewohner auf scharfes Sehen in der unmittelbaren Umgebung angewiesen. Daher werden unsere Hühner Vorgänge, die sich in der Ferne, das heißt entfernter als etwa 50 m, abspielen, kaum noch beachten.

Kommt da was von oben?

Das räumliche Sehvermögen ist auf den Bereich eingeschränkt, in dem sich die Gesichtsfelder der beiden seitlich angeordneten Augen überschneiden. Die damit verbundene eingeschränkte Tiefenwahrnehmung kann das Huhn bis zu einem gewissen Grad durch abwechselndes Fixieren mit dem linken und rechten Auge ersetzen, indem es den Kopf hin und her wendet oder sich dem Objekt seines Interesses im Zickzackgang nähert. Auch einen über ihm befindlichen Feind, etwa einen Habicht, kann das Huhn nur durch Schrägstellen des Kopfes ausmachen. Für den Beobachter mag diese Kopfstellung lustig aussehen, für das Huhn bedeutet sie Überleben.

Mancher hat sich schon gefragt, wie es mit dem Farbsehen bestellt ist. Farben kann das Huhn klar erkennen. Das haben wissenschaftliche Versuche erwiesen, doch lässt es sich von unterschiedlichen Helligkeitswerten stärker beeinflussen.

GUT ZU WISSEN

Das Huhn besitzt wie die meisten Vögel ein sehr scharfes Auge, das allerdings ganz auf das rasche Erkennen von Gegenständen in der Nähe eingerichtet ist.

Bau des Auges

Aufgebaut ist das Auge des Huhnes im Wesentlichen wie beim Säugetier. Der Augapfel ist druck- und stoßgesichert in Fettpolster eingelassen. Unterschiede bestehen lediglich in der Form des Augapfels, der mehr scheibenförmig ist, und in der stärker gewölbten Hornhaut, die durch knöcherne Einlagerungen zusätzlich verstärkt wird. Schließlich ragt der sogenannte Kamm weit von der Eintrittsstelle des Sehnervs her in den hinter der Linse liegenden Glaskörper hinein. Er soll die Empfindlichkeit des Auges für sich bewegende Gegenstände erhöhen. Wichtig ist dies vor allem für das Erkennen und Erhaschen von fliegenden Insekten und von Kleinlebewesen im Gras, in Blättern und Büschen.

Als weiteres abweichendes Detail besitzt der Hühnervogel zusätzlich zum oberen und unteren Augenlid ein drittes Lid, die Nickhaut, die vom inneren Augenwinkel her über das Auge gezogen werden kann. Sie hat vor allem eine Schutz- und Reinigungsfunktion.

HÖREN

Das Ohr des Huhnes entspricht in seiner Leistungsfähigkeit fast dem des Hundes. Dies ist für einen Gebüschbewohner mit nur sehr begrenztem Sichtfeld von großer Wichtigkeit. Denn Feinde werden in solchen Lebensbereichen eher an Geräuschen erkannt.

Bereits vom 18. Bruttag an kann das Küken im Ei Laute wahrnehmen und wird darüber hinaus auf die Stimme seiner Mutter geprägt. Später, wenn die Glucke ihre Küken führt, erkennen die Kleinen die Glucktöne ihrer Mutter aus einer Entfernung bis etwa 15 m, während umgekehrt die Glucke auf bis zu 20 m Entfernung auf das Verlassenheitspiepsen ihrer Kinder reagiert.

Bau des Ohres

Im Vergleich zu den Säugern fehlt den Vögeln, so auch unserem Haushuhn, das äußere Ohr oder die Ohrmuschel. Dafür schützt ein mit Federn dicht besetzter Hautsaum den Eingang zum kurzen äußeren Gehörgang, der zum Trommelfell führt. Dieses ist auch nach außen gewölbt in einen geschlossenen Knochenring eingespannt. Die auf das Trommelfell auftreffenden Schwingungen werden über ein einfaches Gehörknöchelchen auf das innere Ohr mit seiner Flüssigkeit übertragen. Diese Flüssigkeit umspült das sogenannte Labyrinth, das aus den Bogengängen und der Schnecke besteht und das eigentliche Sinnesorgan für den Gehör- und Gleichgewichtssinn darstellt.

GUT ZU WISSEN

Man hat festgestellt, dass Hühner von vertrauten Tönen eher angelockt werden als durch bekannte Gesichtseindrücke. Das ist auch schon bei Küken so. Probieren Sie es einmal: Sie werden sehen, selbst 50 m entfernte Tiere reagieren auf bekannte Lockrufe, die etwa frisches Futter und Wasser verheißen.

SCHMECKEN

Der Geschmackssinn unseres Haushuhnes ist wie bei den übrigen Körner fressenden Vögeln nur sehr gering ausgebildet. Trotzdem kann es die vier grundlegenden Geschmacksqualitäten salzig, süß, sauer und bitter sehr wohl unterscheiden. Die Geschmacksknospen dazu befinden sich in der Schnabelhöhle, unter der Zunge, im Schlund und im Rachen. Aufgrund der geringen Geschmacksempfindung spielen die vier genannten Varianten bei der Wahl des Futters für das Huhn nur eine untergeordnete Rolle.

Das Huhn selektiert eher nach der Körnung des Futters, der äußeren Beschaffenheit wie hart, weich oder rau. Darüber hinaus zeigt es sich gegenüber bitter schmeckenden Stoffen sehr unempfindlich, während es sauer schmeckendes Futter durchaus auch mal ablehnt.

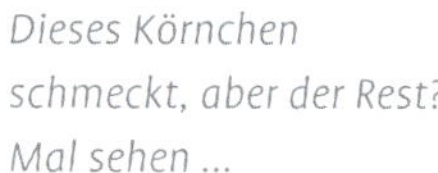

Dieses Körnchen schmeckt, aber der Rest? Mal sehen ...

TASTEN

Weitaus bedeutender als das Schmecken ist für unsere Schützlinge bei der Wahl des Futters der Tastsinn. Zahlreiche Tastkörperchen sind in der Schnabelhöhle, auf der Zunge und am Zungenrand sowie im Rachenraum verteilt und vermitteln dem Tier Informationen über Größe, Härte und Oberflächenbeschaffenheit des Futters. So lernt der Vogel die für ihn bekömmlichen Futterstoffe förmlich zu ertasten. Aufgrund der gemachten Erfahrungen fällt es ihm im Laufe der Zeit leicht, genießbar von ungenießbar zu unterscheiden. Auch unsere Haushühner erwerben sich je nach Haltungsform einen solchen mehr oder weniger großen Erfahrungsschatz.

Gebaut sind die Tastkörperchen in Form von kleinen Druckpolstern, die aus weichen, flüssigkeitsgefüllten Zellen bestehen. Wirkt nun etwa ein Getreidekorn auf dieses Druckpolster ein, wird der durch die Formveränderung der Zellen ausgelöste Reiz auf das anliegende Nervengewebe übertragen und der „Schaltzentrale" gemeldet.

RIECHEN

Der Geruchssinn ist bei unserem Haushuhn im Vergleich zu den meisten Säugetieren nicht so stark ausgeprägt. Man hatte bisher sogar angenommen, es sei geruchsstumpf, da es ja unter anderem liebend gern im Mist und Kompost scharrt. Inzwischen hat die Wissenschaft festgestellt, dass das Huhn auch gegenüber Gerüchen empfindlich ist und sogar in der Lage ist, Futter oder Feinde über den Riechsinn zu identifizieren. Aus diesem Grund ist es wichtig, auf frische Luft im Stall zu achten sowie dafür zu sorgen, dass das Futter und das Wasser nicht durch Verunreinigungen muffig oder jauchig riechen. Darüber hinaus schützt diese Achtsamkeit auch vor krankmachenden Erregern.

DIE ATMUNG

DIE ATMUNG DER VÖGEL unterscheidet sich von der der Säugetiere. Während bei den Säugern der Austausch der verbrauchten und der neuen Luft in den Lungenbläschen der Lunge stattfindet, wird bei den Vögeln die angesaugte unverbrauchte Luft durch die Lunge hindurch in die Luftsäcke getrieben und über Ausläufer, die überall in den Vogelkörper hineinreichen, bis in die lufthaltigen Knochen transportiert. Beim Rücktransport aus den entlegenen Teilen des Körpers durch die Lunge gibt die Luft noch einmal Sauerstoff ab. Durch dieses Durchströmungsprinzip in Verbindung mit den Luftsäcken steht dem Vogelkörper für seine Lebensaktivitäten, also für die Verbrennungsvorgänge im Körper, im Vergleich zu Säugetieren erheblich mehr Sauerstoff und damit auch mehr Energie zur Verfügung. Das Atmungssystem der Vögel ist dem der Säugetiere also weit überlegen. Ein Vogel kann dreimal mehr Luft einatmen als ein vergleichbar großes Säugetier.

Angepasst ist dieses hocheffektive Atmungssystem besonders an die kräftezehrende Fortbewegungsart des Fliegens. Die hohlen Knochen, die Luftsäcke und das leichte, gut isolierende Federkleid, das eine wärmende Speckschicht entbehrlich macht, gestalten den Vogelkörper leicht.

Direkt im Zusammenhang mit Teilen dieses Systems steht auch das Wärmeregulierungsvermögen der Vögel. Die Körpertemperatur liegt mit 40 bis 43 °C höher als bei den Säugern, die ja bekanntlich bei hohem Fieber knapp über 41 °C Körpertemperatur entwickeln und sich dabei am Rande der Lebensfähigkeit bewegen. Hühner besitzen unter dem Federkleid keine Schweißdrüsen, um überschüssige Wärme und vor allem Feuchtigkeit zwecks Kühlung abgeben zu können. Schweißdrüsen wie bei den Säugern würden nämlich das Federkleid verkleben und unbrauchbar werden lassen. Hier übernehmen die Luftsäcke den Part der Schweißdrüsen. Ein großer Teil des zur Körperkühlung sonst über die Schweißdrüsen abgegebenen Wasserdampfes wird in den Luftsäcken gesammelt und über die „Luftkanäle“ durch den Schnabel nach außen befördert. So müssen wir auch nicht erschrecken, wenn an heißen Sommertagen unsere Hühner mit weit aufgestelltem Gefieder, gespreizten Flügeln (s. Seite 58) und offenen Schnäbeln hechelnd dasitzen und einen etwas besorgniserregenden Anblick bieten. Sie versuchen lediglich, sich auf diese Weise Abkühlung zu verschaffen.

TIPP

Wir können den Hühnern an heißen Tagen helfen, indem wir ihnen ein gut belüftetes, aber zugfreies Hühnerhaus und einen Auslauf mit Schatten spendenden Bäumen und Büschen bieten.

Es ist warm, aber noch auszuhalten.

DIE VERDAUUNG

BLEIBEN WIR BEIM VERGLEICH mit den Säugern, so beginnt der Unterschied zu den Vögeln gleich beim ersten Teil des Verdauungsapparates, der Mundhöhle. Das Huhn hat keine Zähne, mit denen es die Nahrung zerkleinern könnte. Von der Mundhöhle gelangt die Nahrung daher – abgesehen von einer gewissen Einschleimung – sofort in den Kropf.

DER KROPF

Der Kropf ist eine Ausbuchtung der Speiseröhre und dafür eingerichtet, dass das Huhn größere Nahrungsmengen ohne Verdauungsunterbrechung aufnehmen und aufbewahren kann. Die Körner können hier bereits ein wenig aufgeweicht und so für die nachfolgende Verdauung vorbereitet werden. Von hier aus wird das Futter in unregelmäßigen Schüben in den Magen befördert. Wenn nötig, kann der Kropf die Ration eines Tages aufbewahren. Sind Kropf und Magen leer, gelangt die Nahrung durch die Kropfstraße am Kropf vorbei direkt in den Verdauungstrakt.

DRÜSEN- UND MUSKELMAGEN

Der Drüsenmagen dient der Erzeugung von Verdauungssäften, die sich mit dem Futter zu einer schleimigen Masse vermischen. Er ist mit dem Hauptmagen der Säugetiere zu vergleichen. Hier werden die für die Eiweißverdauung so wichtigen Magensäfte von den Drüsen ausgeschieden. Die eigentliche Verdauung, also die chemische und mechanische Umsetzung der Futterstoffe in verwertbare Bestandteile, spielt sich dann im Muskelmagen ab.

Der Muskelmagen besteht aus zwei Muskelpaaren: jeweils zwei dünnwandigen Zwischenmuskeln und zwei dickwandigen Hauptmuskeln. Beide Paare ziehen sich abwechselnd zusammen und erzeugen somit einen wechselseitigen Reibungsdruck auf die Nahrungsmasse. In ihr finden wir kleine Steinchen (sogenannte Magensteinchen), die das Huhn mit der Nahrung aufnimmt und die den Muskelmagen bei der mechanischen Zerkleinerung der Futtermasse unterstützen. Das ist etwa so, als hätten wir einen mit gequollenen Getreidekörnern gefüllten Lederbeutel in der Hand und sollten die Körner durch Walkbewegungen in einen sehr feinen Brei verwandeln. Würden wir hier kleine Steinchen mit einfüllen, würde uns dies sicherlich leichter gelingen. Bei Haltungsformen ohne Auslauf oder mit einem

Auslauf, der den Tieren wenig Gelegenheit für die Aufnahme kleiner Steinchen bietet, müssen wir dieselben in Form des sogenannten Grit zufüttern. Ansonsten würde die physiologische Verwertung des Futters stark leiden, das heißt, das Huhn könnte aus dem aufgenommenen Futter nicht so viel Energie schöpfen, wie es der effektive Nährstoffgehalt des Futters eigentlich zuließe.

DER DARMTRAKT

Nachdem die Nahrung etwa zwei Stunden dieser intensiven Behandlung im Muskelmagen ausgesetzt war, wird sie weiter in den Darm transportiert, zunächst in den Zwölffingerdarm als Teil des Dünndarms. Der Dünndarm ist mit vielen sogenannten Darmzotten ausgestattet, die die innere Darmoberfläche vergrößern und mehr Angriffspunkte für die Fermente bieten,

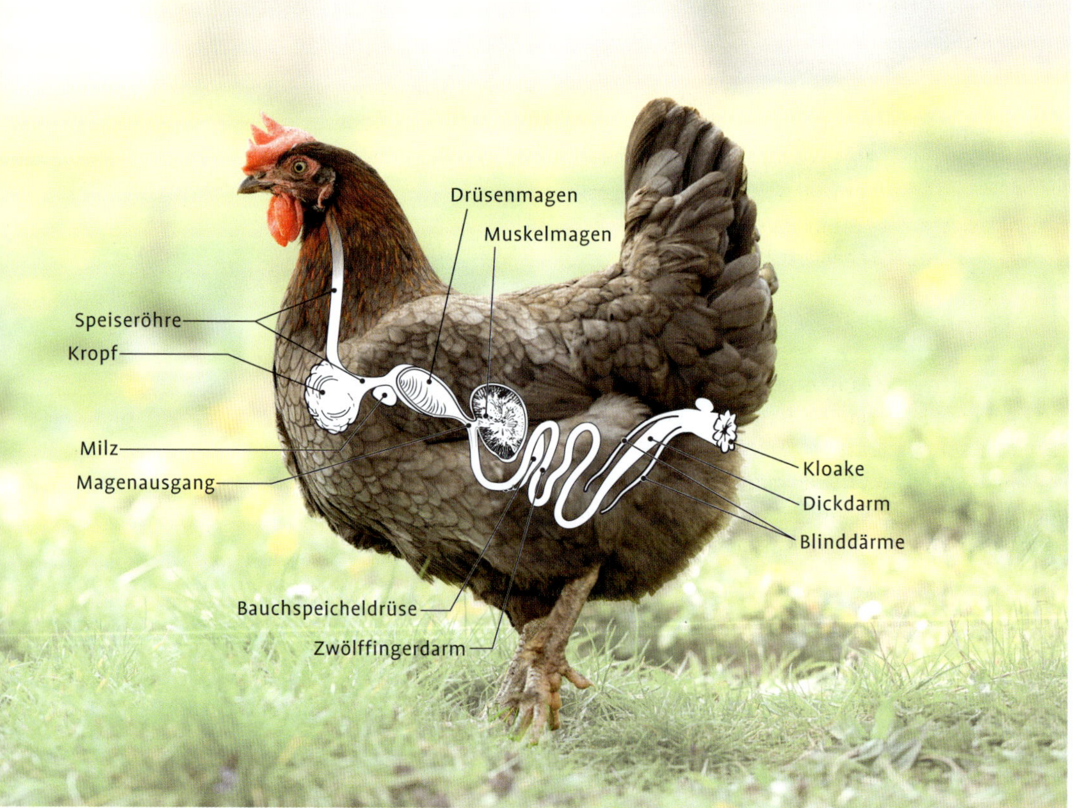

Die Verdauungsorgane unserer Hühner.

die die Nährstoffe chemisch aufspalten. Wichtigster Lieferant dieser Stoffe und damit einer der bedeutendsten Teile des Verdauungsapparates ist die Bauchspeicheldrüse, die wir in einer Schleife des Zwölffingerdarms finden. Die Darmzotten schließlich nehmen die aufgeschlossenen Nährstoffe auf und führen sie mit dem Blut den einzelnen Organen zu.

Der Dickdarm ist wesentlich kürzer als der Dünndarm. Er besitzt weniger Darmzotten und endet in die Kloake. Zwischen diesen beiden Hauptdarmabschnitten liegen die beiden unterschiedlich langen Blinddärme. Sie bilden quasi Gärkammern, in denen die Rohfaser der pflanzlichen Futterstoffe aufgeschlossen und zumindest zum Teil dadurch für das Huhn verdaulich gemacht wird. Zur Rohfaser zählen unter anderem Spelzen und Häute der Getreidekörner, die faserigen Bestandteile der Gräser und Kräuter aus dem Auslauf und der Küchenabfälle pflanzlicher Herkunft.

Die schließlich nicht verwertbaren Bestandteile der Nahrung werden durch die Kloake ausgeschieden. Man erkennt sie an der dunkelbraunen Farbe und einem üblen Geruch.

Im Verhältnis zu den Säugern ist der gesamte Verdauungsapparat recht kurz geraten. Während beim Haushuhn die Darmlänge etwa nur das Achtfache der Körperlänge ausmacht, hat der Darm des Hausrindes etwa die 30-fache Körperlänge. Entsprechend kurz sind auch die Verdauungszeiten des Huhnes, wobei die stark wasserhaltigen Nahrungsstoffe weniger Zeit benötigen als Trockenfutter wie Körner oder Futtermehle. Das mag auch erklären, warum das Huhn als Frühaufsteher gilt. Hunger ist letztendlich der Antrieb für alle Lebensaktivitäten.

DIE HARNAUSSCHEIDUNG

Die Harnorgane der Hühnervögel sind im Vergleich zu den Säugetieren reduziert auf die Nieren und die Harnleiter, die den Harn zur Kloake hin ableiten. Nierenbecken, Harnblase und Harnröhre fehlen. Der Harn selbst besteht vorwiegend aus Harnsäure. Daneben enthält er Ammoniak, Aminosäure und verschiedene Salze. Er wird zusammen mit dem Kot als halbfeste, weißliche Masse durch die Kloake ausgeschieden.

GUT ZU WISSEN

Bei Hühnern können wir zweierlei Kot unterscheiden: Dickdarmkot und Blinddarmkot. Auf etwa zehn Entleerungen des Dickdarms kommt eine Blinddarmentleerung. In den Blinddärmen wird durch Bakterien Zellulose aufgeschlossen. Der Blinddarmkot hat eine schmierige Konsistenz und ist feucht glänzend.

DIE GESCHLECHTSORGANE

DER HAHN hat bei den allermeisten Rassen einen deutlich größeren Kamm und auffälligere Kehllappen als die Hennen – dass sich Hahn und Henne äußerlich unterscheiden, weiß jedes Kind. Schauen wir uns im Folgenden aber einmal die Unterschiede im Inneren an.

WEIBLICHE GESCHLECHTSORGANE

Die weiblichen Geschlechtsorgane sind bei Hühnern nur auf der linken Seite des Körpers ausgebildet. Sie bestehen aus dem Eierstock und dem Eileiter. An dem einer Weintraube ähnelnden Eierstock befinden sich unzählige Eier unterschiedlicher Größe von der mikroskopisch kleinen Eizelle bis zum großen, dottergefüllten reifen Ei, das bereits im nächsten Augenblick den Eierstock verlassen und in den Eitrichter gleiten kann, um sich dann im Eileiter mit Eiklar, Eihäuten und der Kalkschale zu einem fertigen Hühnerei zu mausern.

Der Weg durch den Eileiter – von der Eizelle zum fertigen und perfekten Hühnerei.

Der Tretakt ist in Sekundenschnelle vorbei – Romantik sieht anders aus.

Der Eileiter ist ein schlauchförmiges Organ mit verschiedenen, auf die Fertigstellung des Eies bezogenen Abschnitten, die jeweils eine besondere Aufgabe haben (mehr dazu auf Seite 70ff.). Er endet in der Kloake.

MÄNNLICHE GESCHLECHTSORGANE

Die männlichen Geschlechtsorgane bestehen aus den Hoden und den von ihnen zur Kloake führenden Samenleitern. Ein penisähnliches Begattungsorgan fehlt unserem Haushahn im Gegensatz etwa zum Entenerpel oder zum Schwanenmann. Die Hoden liegen am Ende der beiden Nierenpole, wobei der rechte Hoden kleiner ist als der linke. Die Hoden sind der Ort, in dem der Samen gebildet und gespeichert wird, um von dort bei der Paarung durch die Samenleiter in die Kloake geführt zu werden. Während der Paarungszeit vergrößern sich beide Hoden um ein Vielfaches.

Bei der Begattung – Treten genannt – steigt der Hahn auf die sich niederduckende Henne; beide Vögel drehen ihre Schwänze weg und pressen ihre vorgestülpten Kloaken fest aufeinander. Der Begattungsakt selbst dauert nur wenige Augenblicke und kann mehrmals täglich erfolgen.

GUT ZU WISSEN

Während Säugetiere üblicherweise über zwei Eierstöcke in paariger Anordnung verfügen, ist beim Huhn wie bei anderen Vögeln nur ein Eierstock, und zwar der links liegende, vollständig ausgebildet. Die Verkümmerung des rechten Organs ist wohl dadurch zu erklären, dass bei starken Erschütterungen des Vogels, zum Beispiel beim Landen, in zwei Eileitern gebildete Eier aneinanderschlagen und zerbrechen könnten.

Das Verhalten der Hühner

Um die Bedürfnisse unserer Hühner besser einschätzen zu können, ist neben Grundkenntnissen über den Körperbau auch wichtig zu wissen, worauf unsere Schützlinge wie reagieren, wie sie ihre „zwischentierischen“ Beziehungen und überhaupt ihren Alltag üblicherweise gestalten und wie sie sich gegenüber anderen Tierarten und auch uns Besitzern gegenüber verhalten.

DIE RANGORDNUNG

UNSER HAUSHUHN fühlt sich in der Gemeinschaft am wohlsten. Es ist von seiner Veranlagung und Lebensstruktur her ein Herdentier, das die Gruppe zum Überleben in der freien Natur braucht. Die Herde bietet ihm also Schutz vor Gefahren und soziale Geborgenheit. Allerdings hat das Huhn für die Vorteile der Gemeinschaft seinen Tribut zu zahlen; es muss sich in die Gruppe ein- oder gar unterordnen. Und das beginnt früh: Bereits etwa im Alter von zwei Wochen beobachten wir bei schon recht übermütigen Hühnerkindern die ersten spielerischen Kraftproben. Flügel schlagend rennen und springen sie aufeinander zu, verharren für kurze Augenblicke lauernd, um sich im nächsten Moment abrupt abzuwenden und auf den nächsten Spielgefährten zuzuflattern. Schon einige Tage darauf kann es passieren, dass solch ein kleiner Kämpfer seinen Gegner gezielt ins Gesicht hackt und dieser sich darauf verdutzt zurückzieht. Das sind die ersten Anzeichen für die beginnende Rangauseinandersetzung.

Die spielerischen Auseinandersetzungen der Küken gehen erst mit Beginn der Pubertät in ernste, zum Teil blutige Kämpfe über – bei Hennen mit zehn bis zwölf Wochen, bei Hähnen mit zwölf bis 16 Wochen; richtig ernst wird es mit Beginn der Geschlechtsreife. Diese Rangordnungskämpfe sind oftmals hart und unerbittlich, kein Wunder, schließlich wird der soziale Rang innerhalb der Herde ausgefochten. Nicht selten enden sie blutig, aber nie tödlich. Nach wenigen Tagen Unruhe und Hektik in der Herde ist alles ausgestanden; Sieger und Besiegte stehen fest. Damit kennt jedes Tier seinen festen Platz in der Hierarchie der Herde, sodass es nur noch in Ausnahmefällen zu weiteren echten Stellungskämpfen kommt.

GUT ZU WISSEN

Voraussetzung für ein funktionierendes Gemeinschaftsleben ist das Anerkennen einer gewissen hierarchischen Struktur. Diese ist durch die sogenannte Rang- oder Hackordnung in der Hühnerherde fest definiert.

HENNEN

Erst nach den klärenden Rangkämpfen, bei voller Geschlechtsreife, liegt die klare Rangfolge fest. Wäre dies nicht der Fall, würden ständige Rangeleien und blutige Auseinandersetzungen die Herde in Bewegung halten und die Kräfte der Tiere unnütz aufzehren. So geht man sich in Kenntnis seines sozialen Status möglichst aus dem Weg, um Ärger zu vermeiden. Respekt, Anerkennung und eine gewisse Distanz prägen daher das soziale Erscheinungsbild unserer Hühnerschar.

Hühner haben übrigens nur ein begrenztes Erinnerungsvermögen für persönliche Beziehungen. Hierbei sind Kammform und -größe sowie Augenglanz und Augengröße anscheinend wichtige Wiedererkennungsmerkmale zwischen den Artgenossen. Bei großen Gruppen (mehr als 40 Tiere) sind Hühner schnell überfordert, die Folge sind Unsicherheit und damit viel Streitereien und Unruhe.

Welchen Rang eine Henne unter ihresgleichen erwirbt, hängt von verschiedenen Faktoren ab: zum Beispiel von ihrem mutigen, selbstsicheren Auftreten, ihrer Kampfbereitschaft und ihrer Ausdauer. Dazu kommt ihr Aussehen, bei dem ein großer Kamm und eine kräftige Statur als imposant gewertet werden. Schließlich spielt das Alter eine entscheidende Rolle. In der Regel stehen Junghennen allesamt tiefer in der Rangordnung als die schwächste Althenne.

Kommt es einmal richtig zum Kampf, was bei zwei im Rang sehr nahe stehenden Tieren am ehesten geschieht, nähern sich die zwei Kontrahentinnen zunächst mit tiefen, lang gezogenen Drohlauten. Dicht voreinander stellen sie sich hoch aufgerichtet und mit gesträubten Halsfedern in Positur. Urplötzlich erfolgt der Angriff, in dem sie aneinander hochspringen und aufeinander einhacken. Ziel dieser Schnabelhiebe ist vorwiegend der Hinterkopf der Gegnerin, aber auch Gesicht und Kamm bleiben nicht verschont.

Diese beiden müssen wohl noch etwas klären …

So schnell, wie er begonnen hat, ist der Kampf in den meisten Fällen auch beendet. Die unterlegene Henne duckt sich und zeigt mit dieser Demutshaltung ihre Unterwerfungsbereitschaft an.

Doch auch dann bleibt nicht immer alles friedlich. Neid und Missgunst sind ebenfalls Triebfedern manch tierischer Entgleisung. Einfache „Meinungsverschiedenheiten" zwischen den Hennen werden lediglich mit kurzen, kräftigen Schnabelhieben bereinigt, wobei die Rangniedere bereits nach wenigen Augenblicken klein beigibt und flüchtet. Anlass sind zumeist Streitigkeiten um den besten Futter- oder Schlafplatz. Der ranghöchsten Henne gebührt hier in der Regel das Vorrecht. Auch das schönere Nest darf zuallererst von ihr in Anspruch genommen werden. Bei solchen Gelegenheiten kann es vorkommen, dass rangniedere Hennen die Hackordnung im Eifer nicht einhalten und aufbegehren. Sogleich wird das ranghöhere Tier seine erworbene Position handfest, das heißt mit Flügelschlägen und Schnabelhieben, gegen die Meuterin verteidigen.

In den meisten Fällen sind solche Rangeleien nur von kurzer Dauer und werden mit wenigen Ausnahmen durch den Sieg des ranghöheren Huhnes schnell beendet. Es kommt allerdings auch vor, dass in der Hackordnung höher stehende Hennen bestimmte Herdengenossinnen regelrecht schikanieren, einfach weil ihnen „ihr Gesicht nicht passt".

Übrigens kann jede Veränderung innerhalb der Herde – etwa das Wegnehmen oder Hinzusetzen einer Henne – die einmal erreichte soziale Ordnung empfindlich stören. Fremde Tiere oder Tiere, die längere Zeit von der Herde getrennt gehalten werden mussten, setzen wir daher am besten in der Dunkelheit unauffällig zu den schlafenden Hennen auf die Sitzstangen. Mit dieser Methode kann man zumindest vermeiden, dass der Neuankömmling von der gesamten Schar erbarmungslos gejagt wird. Oft dauert es jedoch Wochen, bis eine vollkommene Integration oder Reintegration in die Herde erfolgt ist.

GUT ZU WISSEN

Das einmal erstrittene soziale Gefüge im Sinne einer relativ friedlichen Gemeinschaft ist jedoch nur von Dauer, wenn die Herdengröße möglichst konstant bleibt und etwa 40 Tiere als obere Grenze nicht überschreitet.

HÄHNE

Eine gesonderte Stellung nimmt der Hahn in der sozialen Hierarchie einer Hühnerherde ein. Hat er sich einmal aufgrund seiner körperlichen Überlegenheit durchgesetzt, ist er der unangefochtene Herrscher, sozusagen der Hahn im Korb. In dieser hohen Stellung hat er allerdings auch eine wichtige Funktion, nämlich die des Ausgleichs und der Befriedung unter seinen doch recht zänkischen Frauen. Es gibt durchaus einen erkennbaren Unterschied zwischen einer Hühnerschar mit oder ohne Hahn, was den sozialen Frieden betrifft. Daher sollte man ihn nicht als unnötigen Fresser abtun

Jetzt greift der Hahn ein – das Gezicke seiner Damen war ihm wohl zu viel!

oder als reine Zierde des Hühnerhofes, er ist – soweit die lieben Nachbarn seine helle Stimme dulden – in jedem Fall eine gute Investition.

Übrigens ist es sinnvoll, den Hahn von vornherein in die Rekrutierung der Hühnerschar mit einzubeziehen. Hat sich unter den Hennen nämlich bereits eine feste Rangfolge gebildet, wird es für ihn schwer, sich in dieser verschworenen Gemeinschaft durchzusetzen. Wir haben selbst bei unserer zehnköpfigen festgefügten Herde beobachten können, wie ein junger Hahn etwa gleicher Gewichtsklasse vor den Angriffen der erzürnten Herde die Flucht ergreifen musste. Bei einem weiteren Versuch hatte ein schwereres älteres Tier als gestandenes Mannsbild ebenfalls Mühe, der Damen Herr zu werden. Insbesondere die ranghöchste Henne wollte ihre alte Vormachtstellung nicht so leicht aufgeben und verteidigte sie erbittert. Schlussendlich blieb der schwere Hahn doch siegreich und genoss fortan seine Herrscherrolle unangefochten.

Der Hahnenkampf

Ein Kampf zwischen Hähnen wirkt ungleich eleganter, auch der Verlauf ist sehr verschieden von dem der Hennen. Wir unterscheiden zwischen dem zumeist harmlosen Scheinkampf, einer Art ritterlichem Turnier, und dem harten, oft blutigen Kampf um die Vorherrschaft in der Herde. Beim Scheinkampf umkreisen sich die Hähne zunächst spielerisch mit drohender Gebärde und krähen sich stolz herausfordernd an. Darauf gehen sie, Mut und Entschlossenheit vortäuschend, einige Schritte aufeinander zu, um im letzten Augenblick doch wieder zurückzuweichen. Kommen sich die Kämpfer unabsichtlich oder auch beabsichtigt doch dabei zu nahe, wird aus dem spielerisch eleganten Geplänkel unweigerlich Ernst. Gleichzeitig oder im Wechsel rollen jetzt die Angriffswellen von beiden Seiten, indem die Gegner kräftige Flügelschläge austeilen und aneinander hochspringen. Dabei versuchen sie mit wuchtigen Fußtritten, den Kontrahenten mit ihren scharfen Sporen an der Brust oder am Kopf zu treffen. Der Angegriffene seinerseits versucht, die Attacke des Gegners in geduckter Haltung und mit seinem wie ein Schild ausgebreiteten Flügel abzuwehren. Zwischen den einzelnen Angriffswellen verschnaufen die beiden „Kampfhähne" mit tief gesenktem Kopf und vorgestrecktem Hals einander gegenüberstehend in Lauerstellung. Bei zunehmender Erschöpfung versuchen sie sich sogar, ähnlich einem schwer angeschlagenen Boxer, unter den Flügeln oder zwischen den Beinen des Widersachers kurzzeitig in Sicherheit zu bringen.

Der Kampf ist zu Ende, wenn sich der Schwächere schließlich mit abgespreizten Nackenfedern zur Flucht wendet.

HAHN UND HENNE

Hühner leben polygam, also nicht wie etwa die Gans in Einehe. So um zehn bis 15 Hennen umfasst der Harem eines Hahnes optimalerweise. Ist die Herde größer, besteht die Gefahr, dass nicht alle Eier befruchtet werden. Zwar verteilt der Hahn seine Gunst recht unterschiedlich, doch ist es selten, dass eine Henne von ihm gänzlich unbedacht bleibt. Er hält sich sogar eine oder mehrere Favoritinnen, die er besonders umwirbt und häufiger tritt.

DAS WERBEN

Vor jeder Paarung geht die Initiative vom männlichen Part aus. Dabei versucht der Hahn, die Auserwählte mit oft nur vorgetäuschten Leckerbissen oder einem besonders attraktiven Nestplatz auf sich aufmerksam zu machen, sie zu locken oder sich ihr direkt zu nähern.

Beim sogenannten Futterlocken verharrt er entweder in gebückter, suchender Haltung oder er steht mit einem Leckerbissen im Schnabel hoch aufgerichtet da. Weniger galante Kavaliere verschlingen dabei die präsentierte Köstlichkeit in der Aufregung gelegentlich selbst, doch ein guter Liebhaber wird sie seiner Herzensdame freundlich überreichen.

Erwischt – der Hahn geht nicht sehr zimperlich mit seinen Hennen um … Für ihn ist es ein ziemlicher Balanceakt.

Verlegt sich der Hahn auf die Variante mit dem besonders schönen Nest, also auf das Nestlocken, hockt er sich in einer möglichst schummrigen Stallecke nieder, scharrt eine flache Mulde und lockt die anvisierte Henne mit gurrenden Tönen dorthin.

Als besondere Form der Huldigung gilt das Stolpern über den Flügel. Dabei umkreist der Hahn die Henne mit gezierten, trippelnden Schritten und stolpert immer wieder über seinen nach unten abgespreizten Flügel. Zeigt sich die Henne beeindruckt und duckt sich schließlich bereitwillig, springt er flugs von hinten auf und vollzieht den Tretakt. Flüchtet sie, wird sie vom Hahn in sogenannter Puterhaltung verfolgt, wobei er mit vorgerecktem Hals, gesträubtem Gefieder sowie schleifenden Flügeln hinter ihr herjagt. Erwischt er sie, macht er sich ohne viel Federlesen über sie her.

DIE PAARUNG

Beim Tretakt geht die Henne in eine leichte Hockstellung. Der Hahn kommt seitlich von hinten herbei und besteigt die Henne mit gespreizten Flügeln, um die Balance zu halten. Gleichzeitig verbeißt er sich in den Nackenfedern der Henne und umklammert ihre Flügel mit den Zehen. Schließlich pressen beide Tiere durch Wegdrehen des Schwanzes ihre Kloaken fest aufeinander. Dabei wird das aus dem Samenkanal des Hahnes austretende Sperma auf die Henne übertragen. Ist der Liebesakt vollzogen, verabschiedet sich der Hahn, wenn er ein Kavalier ist, mit einer kurzen Balz als Nachspiel. Die Henne lässt sich davon aber nicht weiter beeindrucken. Sie schüttelt lediglich ihr Gefieder und geht zur Tagesordnung über.

GUT ZU WISSEN

Ein einzelner Tretakt reicht zur Befruchtung gleich mehrerer Eier aus.

EIER LEGEN

Bei der Auswahl des Nestes, dem die Henne ihr Ei anvertrauen möchte, steht sie jedes Mal vor einer schwerwiegenden Entscheidung. Nicht jedes Nestangebot wird akzeptiert. Oft sucht sie sich ihr eigenes Plätzchen und richtet es entsprechend her.

DIE WAHL DES NESTES

In der freien Natur bevorzugt das Huhn als Gebüschbewohner etwas abseits gelegene Plätze im Halbschatten, möglichst etwas erhöht liegend und mit weichem, sauberem Nistmaterial gefüllt. Diesem Wunsch kommen wir entgegen, wenn wir die Nester etwa so gestalten wie auf Seite 112 beschrieben. Und die Henne scheint zum Beispiel gern die Entscheidungen ihrer Vorgängerinnen ins Kalkül einzubeziehen. So können wir beobachten, dass bereits benutzte Nester bevorzugt gewählt werden, vor allem, wenn schon Eier darin liegen. Wird ein Nest von mehreren Hennen gleichzeitig aufgesucht, genießt immer die ranghöhere Henne das Vorrecht. Doch kommt es auch vor, dass sich mehrere Tiere in einem kleinen Nest friedlich zusammenfinden. Ausgehend von dieser Beobachtung bieten manche Hühnerhalter statt oder zusätzlich zu den Einzelnestern auch sogenannte Familiennester an.

Interessant ist zu sehen, wie sich die Tiere vor dem Legen gebärden. Die Intensität der Nestsuche ist dabei nicht nur nach Rasse unterschiedlich, sondern auch sehr stark vom jeweiligen individuellen Temperament abhängig. Die meisten Hennen sondern sich in dieser Phase von ihren Artgenossinnen ab. Sie werden unruhig und laufen gakelnd umher. Manche Hennen benehmen sich sehr aufgeregt, ja, man kann beobachten, dass manche Tiere regelrecht in Hektik verfallen und minutenlang an der Stallwand hochspringen.

TIPP

Um uns selbst viel Ärger und das Suchen nach verlegten Eiern (Seite 92) zu ersparen, sollten wir darauf achten, die Nester für unsere Hennen attraktiv zu gestalten.

EIN EI KOMMT ZUM VORSCHEIN

Bevor sich die Henne nun zum Eierlegen niederlässt, inspiziert sie zunächst mehrere Nester, wobei sie sich am Ende doch meistens immer wieder für dasselbe entscheidet. Bei manchen Tieren kann diese Qual der Wahl Stunden in Anspruch nehmen. Hat sie sich endlich entschlossen, zupft sie die Nesteinstreu noch etwas zurecht und vertieft die Nestmitte ein wenig, wobei

Dieses kuschelige Nest wird von einigen Hennen unterschiedlichster Rassen genutzt.

sie sich wie ein Hund vor dem Niederlegen immer wieder im Kreis dreht. Schließlich schreitet sie zur Tat und legt das Ei in leicht gehockter Stellung: Sie presst das Ei durch die Scheide in die Kloake, die Wand des Eileiters beziehungsweise der Kloake stülpt sich um, und ein sauberes frisches Ei liegt feucht glänzend im Nest.

ABGESANG

Nach dem Eierlegen zeigen die Tiere ein individuell sehr unterschiedliches Verhalten. Während die einen noch eine Weile ruhig, wie erschöpft oder entspannt, im Nest verharren, stürmen die anderen regelrecht heraus und verkünden mit lautem Gegakel ihre Großtat. So wird Letzteres wohl allgemein interpretiert, doch nehmen Wissenschaftler an, dass bei den wild lebenden Stammeltern unserer Haushühner dieses laute Gegacker die Verbindung zu der inzwischen weitergezogenen Herde wiederherstellen sollte. Daher wird diese Lautäußerung im Kreis der Tierverhaltensforscher auch als sogenannter Herdensuchruf angesehen. Insbesondere der Hahn soll für diesen Ruf der Henne sensibel sein und der Rufenden entgegeneilen, um sie zur Herde zurückzuführen.

HINTERGRÜNDE:
WUNDERWERK EI

SCHON TAUSENDMAL auf dem Frühstückstisch gesehen und doch ein unbekanntes Ding – Zeit, dieses wundersame Gebilde, das Ei, einmal ganz genau zu betrachten.

Es beginnt mit dem Dotter

Eingebettet ins Eiklar, üblicherweise auch Eiweiß genannt, ist der Dotter. Diese gelbe Kugel, bestehend aus der Keimscheibe, dem Bildungsdotter, dem Nährdotter und umgeben von der Dotterhaut, wird im Eierstock der geschlechtsreifen Henne gebildet. Mehrere Tausend dieser Eizellen beherbergt der Eierstock eines gesunden Tieres. Sie bilden, von einer kugelförmigen Zellschicht umschlossen, kleine Dotterbläschen (Follikel), die gleich einer Traube mit Stielchen am Eierstock befestigt sind. Die Follikelhaut platzt schließlich bei einer bestimmten Größe der Dotterkugel und gibt sie frei. Läuft dann alles nach Plan, wird die gelbe Kugel von der trichterförmigen Öffnung des Eileiters aufgefangen, und die Reise durch den Eileiter beginnt. Auf ihrer Wanderung durch den Eileiter oder Legedarm wird der Eizelle alles mitgegeben, was zu einem Hühnerei gehört. Hatte die Henne zuvor ein Rendezvous mit dem Hahn, so ist der Eileitertrichter auch der Ort, wo die männlichen Spermien sich mit der Keimzelle vereinigen.

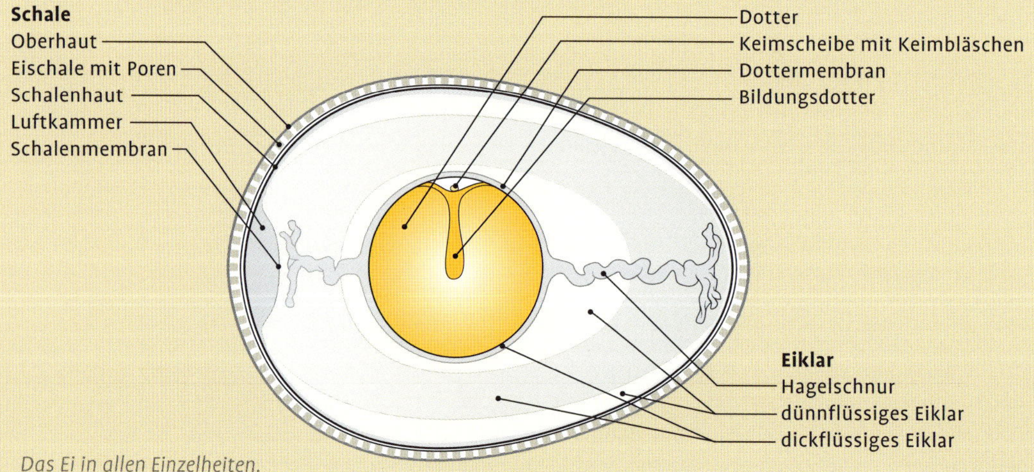

Das Ei in allen Einzelheiten.

Das Eiklar kommt hinzu

Egal, ob befruchtet oder nicht, als nächstes wird die Dotterkugel von der ersten Schicht Eiklar umhüllt, und zwar von einer dickflüssigen Schicht, die die sogenannten Hagelschnüre ausbildet. Die Hagelschnüre sind an den beiden Eipolen verankert und halten den Dotter in einer schützenden, aber um die Längsachse drehbaren Schwebelage. Abgesondert wird das Eiklar durch Drüsen der Eileiterwände, wobei sich die Eidotterkugel während ihrer Wanderung durch den Eileiter um sich selbst dreht. Auf die erste dickflüssige Eiklarschicht folgen eine dünnflüssige, dann eine dickflüssige und wieder eine dünnflüssige Schicht, die schließlich von der Eimembran abgeschlossen wird.

Zum Schluss die Schale

Im sogenannten Eihalter oder Uterus bekommt das Ei seine Schale. Zottenförmige Drüsen scheiden eine kalkhaltige Masse aus, die das somit bereits fertige Ei umschließt, schließlich erstarrt und die feste Eischale bildet. Die Eischale besteht in ihrem Gerüstaufbau aus netzartig verwobener organischer Substanz und anorganischer Masse als Füllung, im Wesentlichen Kalk. Dann kommt noch das sogenannte Oberhäutchen (Kutikula) dazu, das das Ei glänzend erscheinen lässt, und fertig ist das Wunderwerk. Jetzt braucht es nur noch nach außen befördert zu werden.

EINIGE ZAHLEN ZU HÜHNEREIERN

Eigewicht	etwa 58 g
Porenzahl der Schale	150 pro Quadratzentimeter
Gefrierpunkt	−2,2 bis −2,8 °C
Alter einer Henne bei Legebeginn	18–24 Wochen
Legeleistung	120–180 Eier pro Jahr
Dauer der Wanderung des Eies durch den Eileiter	22–25 Stunden
Pro-Kopf-Verbrauch in Deutschland	etwa 235 Eier
Energiegehalt pro Ei	etwa 85 kcal (350 kJ)

Schalen- und Dotterfarbe

Natürlich ist die Farbe der Außenhaut eines Hühnereies, also vereinfacht gesagt die Eierschalenfarbe, kein Kriterium für die ernährungsphysiologische Qualität, doch erfreuen sich Eier mit bräunlicher Schalenfärbung immer größerer Beliebtheit. Vielleicht weil sie vom Verbraucher wegen der angeblich naturnahen Färbung gern mit Bio-Eiern in Verbindung gebracht werden? Dieses Vorurteil ist nur schwer aus der Welt zu schaffen. Die Schalenfarbe ist genetisch bedingt und differiert je nach Rasse zwischen Weiß und Braun, einige Rassen legen auch grünliche Eier.

GUT ZU WISSEN

Die Bildung eines Eies wiederholt sich bei unseren Legehennen alle 24 bis 36 Stunden und führt in weiteren 24 Stunden zur „Geburt" eines fertigen Hühnereies. Deshalb kann jedes Huhn höchstens nur 1 Ei am Tag legen – eine biologische Tatsache, an der weder die Züchtung noch die Wissenschaft etwas ändern konnten.

GUT ZU WISSEN

Der höchste Genuss beim Verspeisen eines Hühnereies wartet auf uns zwischen dem dritten und vierten Tag nach dem Legen (optimale Lagerung vorausgesetzt).

Welche Farbe eine Schale bekommt, richtet sich nach einer Drüse im Legedarm. Diese Schalendrüse produziert Pigmente aus dem Blutfarbstoff Hämoglobin. Diese roten Pigmente lagern sich gemeinsam mit gelben Pigmenten des Gallenfarbstoffes auf der Kalkschale des Hühnereies ab. Die Schale bekommt eine braune Färbung. Hühnerrassen, bei denen diese roten Pigmente fehlen oder wenig konzentriert auftreten, legen weiße Eier.

Außerdem wird allgemein ein Ei mit satter goldgelber Färbung des Dotters gewünscht. Verantwortlich für die Farbe sind die im Futter mehr oder weniger enthaltenen Karotinoide; das sind natürliche Farbstoffe, die die gelbliche beziehungsweise rötliche Färbung des Eidotters hervorrufen. Je nach Kombination kommt eine dunkle oder helle Gelbfärbung zustande.

Auch hier sollten wir gleich mit einem Vorurteil aufräumen. Die Dotterfarbe ist kein Indiz für die Haltungsform, wie vielfach dem Verbraucher weiszumachen versucht wird. Hühner in Bodenhaltung mit Auslauf können durchaus Eier mit nur blassgelber Dotterfärbung produzieren. Entscheidend für eine goldgelbe Farbe des Dotters ist das Futterangebot, das heißt etwa ein Auslauf mit einem möglichst hohen Anteil an karotinhaltigen Pflanzen oder ein entsprechendes Wirtschaftsfutter mit einem hohen Anteil an Luzernegrünmehl oder Paprikaschrot.

In vielen industriell hergestellten Mischfuttern werden statt der natürlichen Karotinträger auch künstliche Farbstoffe verwendet. Sie haben den Vorteil, dass ihre farbgebende Wirkung auch bei längerer Lagerung nicht nachlässt. In jedem Fall ist die Wirkung der verabreichten Futtermischung auf die Dotterfarbe verblüffend. Ja, man kann sogar mit entsprechenden Farbstoffen statt gelber Dotter auch grüne, blaue, rote oder andere Farbvarianten hervorrufen. Doch daran orientieren wir uns als Halter einer kleinen Hühnerschar nicht; wir legen Wert auf die von Natur aus im Grün des Auslaufs enthaltenen Farbstoffe, um eine angenehm gelbe Dotterfarbe auf den Teller beziehungsweise in den Eierbecher zu zaubern. Unterstützen können wir die Henne bei der Gelbfärbung des Dotters durch einen entsprechenden Anteil an Maisschrot im Futter und vor allem im Winter durch Zufütterung von zerkleinerten Karotten oder sogenanntem Grünmehl, die Karotinoide in großer Konzentration enthalten.

Groß und klein, grün, creme, weiß, braun, dunkelbraun – hier leben wohl verschiedenste Rassen zusammen.

Größe und Gewicht

Diese beiden Gütekriterien hängen naturgemäß untrennbar zusammen. Fragen wir uns, warum unsere Hühner nicht nur unterschiedlich geformte und gefärbte Eier legen, sondern auch unterschiedlich große, so gibt es darauf mehrere Antworten.

Erstes Kriterium ist sicherlich die Rasse. Große Hühner legen im Allgemeinen größere Eier als verzwergte Rassen. Dann ist die Größe eines Eies abhängig vom Alter einer Henne. Junghennen legen wesentlich kleinere Eier als ältere Hühnerdamen. Aber auch innerhalb der gleichen Altersgruppe derselben Rasse kann es erhebliche Unterschiede geben, da die physiologische Leistungsfähigkeit eines Individuums eben individuell ist.

Eigröße und das damit verbundene Gewicht sind zunächst einmal rein quantitative Aussagen. Es ist aber interessant zu wissen, dass sich mit zunehmender Größe eines Eies auch seine prozentuale Zusammensetzung ändert: und zwar sinkt der relative Anteil des Dotters in gleichem Maße wie der Anteil des Eiklars steigt. Bei einem Gewichtsunterschied von 20 g beträgt die Verschiebung etwa vier Volumenprozent. Das ist dem Verbraucher vielfach nicht bewusst und im Grunde für ihn unerheblich, weil das absolute Gewicht oder Volumen des Dotters, das ernährungsphysiologisch höherwertiger ist als das Eiklar, bei dem größeren Ei genauso groß oder gar größer ist als beim kleineren. Einzig die Schale bleibt in ihrem relativen Anteil bei großen wie kleinen Eiern gleich.

Bevorzugt werden vom Verbraucher in der Regel die mittleren Gewichtsklassen mit Tendenz nach oben, weil diese Größe am ehesten „eierbechergerecht“ ist und das ausgewogenste Preis-Leistungs-Verhältnis zu ergeben scheint. Denn die Eierpreise werden nicht auf die prozentualen Anteile der schwer erfassbaren Bestandteile des Eiinhaltes bezogen, sondern auf das Gewicht. Es wird seit 1996 entsprechend den bekannten Kleidergrößen in XL, L, M und S angegeben.

Übrigens: Werden die Eier aus unserer Herde mit der Zeit immer größer, ist das ein Zeichen dafür, dass der Bestand langsam an seine Leistungsgrenze heranwächst und man sich langsam nach Junghennen umschauen könnte.

GUT ZU WISSEN

Das bedeuten die auf den Eiern aufgedruckten Zahlen, die die Haltungsform der Hühner angeben:

- 0 = Bio-Eier
- 1 = Freilandhaltung
- 2 = Bodenhaltung
- 3 = Kleingruppen-Käfighaltung

Angaben wie etwa „Wieseneier“ oder „tierschutzgerechte Haltung“ sind irrelevant und sagen nichts darüber aus, wie die Tiere gehalten werden.

EIGRÖSSEN- UND -GEWICHTSANGABEN

Klassifizierung	Bezeichnung
XL	sehr groß
L	groß
M	mittel
S	klein

Besondere Eigenschaften

Zwar schließt die Schale mit ihrer innen liegenden Membran und der außen liegenden Kutikula das Ei gegen Fremdkörper hermetisch ab, doch gewährleistet es dank seiner etwa 10 000 feinen Poren optimal den unerlässlich notwendigen Gasaustausch zwischen dem werdenden Huhn und seiner Außenwelt. Allerdings nehmen Eier durch eben jene Poren rasch in der Luft liegende starke Gerüche an. So kann sich zum Beispiel unangenehmer Stallgeruch übertragen. Daher

GUT ZU WISSEN

Geruch und Geschmack des Hühnereies sind vorwiegend abhängig vom Futter des Huhns und von den Lagerbedingungen des Eies. Der sprichwörtlichen Empfindlichkeit eines rohen Eies zum Trotz verfügt es über eine erstaunlich hohe Festigkeit und genügt gleichzeitig dem Anspruch des zarten Kükens, die Schale zum richtigen Zeitpunkt und an geeigneter Stelle aufbrechen zu können.

sollten wir die Eier möglichst bald nach dem Legen sammeln und an einem luftigen, geruchsneutralen Ort lagern. Darüber hinaus sollten wir Futtermischungen mit auffallendem Eigengeruch meiden.

Für uns ist das Ei insbesondere wegen der sehr ausgewogenen Kombination von hochwertigen Nährstoffen, gepaart mit hoher Verdaulichkeit, wertvoll. Es enthält Eiweiß, Kohlenhydrate, Mineralstoffe, Vitamine und Fett, unter anderem Lezithin, das dem fleißigen Eieresser ein starkes Nervenkostüm verschafft. Interessanterweise enthält ausgerechnet das Eiweiß im Ei weniger Eiweiß als der gelbe Dotter! Daher sprechen wir in diesem Buch auch immer von Eiklar – und nicht von Eiweiß. Dass das Eiklar volkstümlich und anscheinend unausrottbar als Eiweiß bezeichnet wird, ist wohl auf seine Wandlung unter Hitzeeinfluss zurückzuführen: Wenn das echte Eiweiß (Protein) des Eiklars stockt, nimmt es eine weiße Färbung an.

Kuriose Eier

Nicht immer sind die Eier makellos und gleichen sich „wie ein Ei dem anderen". Wir finden ab und zu eine Reihe von zum Teil kuriosen Abnormitäten im Nest.

- **Fließ- oder Windeier** sind weichschalig oder ganz ohne Kalkschale ausgebildet und recht unappetitlich anzusehen, obwohl man sie als Rührei oder zum Backen verwenden könnte. Die Ursache kann in einer Funktionsstörung der Kalkdrüsen im Eihalter oder in Fehlern bei der Fütterung (nicht genügend kalkhaltiges Zusatzfutter) liegen. Oft ist diese Störung vor allem zum Legebeginn und vor der Winterpause einer Henne zu beobachten.
- **Spareier** nennt man Eier ohne Dotter. Hierfür kann eine nervöse Reizung der Drüsen an den Eileiterwänden verantwortlich sein, das heißt, sie produzieren Eiklar, obwohl keine Dotterkugel den Eileiter passiert, von der üblicherweise erst dieser Reiz ausgeht. Im Übrigen ist dem Eileiter das Objekt, das er mit Eiklar umgibt,

GUT ZU WISSEN

Zwar werden Eier im Handel meist ungekühlt angeboten, zu Hause sind sie jedoch am besten im Kühlschrank untergebracht. Grundsätzlich sollte ein Ei mit dem spitzen Pol nach unten gelagert werden. Würde das Ei mit dem spitzen Pol nach oben gelagert, steigt die Luft aus der Luftkammer, die sich immer am stumpfen Pol befindet, nach oben. Die Eihaut kann sich dadurch lösen und Keime könnten ins Ei eindringen.

völlig gleichgültig. Man weiß von Versuchen, wonach Hennen Korkbällchen in entsprechender Größe in die Eileiter gepflanzt wurden und ganz normale Eier entstanden, die lediglich statt der Dotterkugel einen Korkball enthielten.

- **Eier mit Doppeldotter** entstehen, wenn zwei Follikel gleichzeitig platzen und ihre Dotterkugeln in den Trichter des Eileiters gleiten lassen. Dort werden sie wie „eineiige Zwillinge" behandelt und mit dem gleichen Eiklar umhüllt.
- **Spureier** enthalten Fremdkörper, die durch den Hahnentritt in den Eileiter gelangen können, oder Blutflecken, die sich auf dem Weg durch den Eileiter aufgrund geplatzter Äderchen oder Ähnlichem einnisten können.
- **Ei im Ei:** Man kann Eier beobachten, die ein bereits fertiges Ei in sich tragen. Dieses Ei im Ei entsteht vermutlich dadurch, dass das bereits fertige Ei aufgrund physiologischer Störungen im Eileiter zurückgehalten wurde und eine weitere Teilpassage durch den Eileiter mitmacht.
- **Bauch- oder Schichteier** sind gefährlich für die Gesundheit des Huhnes. Dabei fällt die herangereifte Dotterkugel nicht wie vorgesehen in den Eileitertrichter, sondern in die Bauchhöhle zwischen die Eingeweide und geht dort nach einer gewissen Zeit in Fäulnis über. Haben sich schließlich mehrere Dotterkugeln dort angesammelt – dann spricht man von Schichteiern –, führt dies zunächst zum Einstellen der Legefähigkeit und schließlich zu einem qualvollen Tod der Henne. Ursache für diese Abnormität ist zumeist die Erschlaffung des Trichters. Die Gründe dafür können sehr verschiedenartig sein, sodass es für den Laien besser ist, Tiere mit solchen Störungen rasch aus dem Verkehr zu ziehen, als lange an der Ursachenfindung herumzudoktern. ■

Eier im direkten Vergleich: Das Ei des Zwerghuhns ist leicht zu erkennen, aber doch erstaunlich groß.

DAS VERHALTEN VON GLUCKE UND KÜKEN

Eine „gluck'sch" werdende Henne erkennen wir leicht an ihrem stark veränderten Verhalten gegenüber ihren Artgenossinnen. Sie sondert sich immer mehr ab und meidet den Kontakt mit anderen Hennen zusehends. Kommt ihr ein anderes Herdenmitglied zu nahe, versucht sie, ihm mit hastigen flucht- und zugleich angriffsbereiten Bewegungen auszuweichen. Will der Hahn um sie werben, hält sie sich ihn mit aufgeplustertem Gefieder und ablehnender Miene vom Leib.

Die Glucke baut – wenn überhaupt – nur ein liederliches Nest. In der Regel sucht sie sich einen bereits fertigen Nistplatz oder eine geschützte, weich gepolsterte Stelle und bereitet sich dort durch Hin- und Herrutschen lediglich eine flache Mulde. Dort hinein legt sie die Eier und beginnt, sobald ihr die Zahl groß genug scheint, mit dem Brutgeschäft. Sitzt die Glucke endlich fest auf ihren Eiern, wird ihr Verhalten wieder etwas ruhiger. In der Regel verlässt sie nur einmal am Tag ihre Brutstätte, um ihren Hunger zu stillen und ihr Bedürfnis zu verrichten. Anderen Hennen und anderen Lebewesen gegenüber, die ihrem Nest zu nahe kommen, zeigt sie sich sehr aggressiv.

GUT ZU WISSEN

Die Henne ist nicht so ehrgeizig, nur ihre selbst gelegten Eier bebrüten zu wollen. Sie nimmt auch Nester an, die schon mit einer Anzahl Eier bestückt sind. Genau diese Eigenschaft macht es uns leicht, Eier von anderen Hühnern erbrüten zu lassen, die eine gute Nachkommenschaft versprechen (mehr zum Nachwuchs ab Seite 132).

DIE MUTTER-KIND-BEZIEHUNG

Bereits im Ei – etwa vom 17. Bruttag an – nehmen die kleinen Hühnerküken Geräusche aus ihrer Umgebung wahr. Was sie natürlich am häufigsten zu hören bekommen, sind die Glucktöne ihrer Mutter. So ist es kein Wunder, wenn sie unmittelbar nach dem Schlupf schon so auf diese Laute fixiert sind, dass sie ihre eigene Mutter aus anderen heraus an der Stimme erkennen. Umgekehrt sind auch die leisen Pieptöne, die die noch nicht geschlüpften Küken im Ei von sich geben, für den Aufbau einer innigen Beziehung von größter Bedeutung. Versuche haben gezeigt, dass taube Glucken, die die Botschaft aus dem Ei nicht hören können, nach ihren frisch geschlüpften Küken hacken, ja, sie wegen der offenbar nicht schon im Ei entwickelten sozialen Bindung sogar töten.

WENN DIE KÜKEN SCHLÜPFEN

Spürt die Glucke unter sich, dass die Küken sich anschicken zu schlüpfen, bleibt sie ganz ruhig sitzen, um den Schlupfvorgang nicht zu stören. Sie verhält sich im Übrigen vollkommen passiv, das heißt, es käme ihr auch nie in den Sinn, etwa einem stecken gebliebenen Kind zu helfen, sich von der Eischale zu befreien. Andererseits konnte man auch noch nie beobachten, dass eine Glucke den Schlupf ihrer Kleinen behindert hätte.

Haben sich die kleinen Tierchen schließlich aus ihrem engen Gefängnis befreit, bewegt sich die Mutter nur noch ganz vorsichtig. Kaum lässt sie sich zum Aufstehen, geschweige denn zur Freigabe des Nestes bewegen, um ihre winzigen Schützlinge nicht zu verletzen.

Wir müssen uns einmal vergegenwärtigen, welch eine „Heizleistung" die Glucke entwickeln muss, um ihre kleine Schar zunächst nach dem Schlupf zu trocknen und Tag und Nacht warm zu halten. Nähere Einzelheiten dazu sind im Kapitel „Die natürliche Brut" ab Seite 140 zu finden.

DIE PRÄGUNGSPHASE

In den ersten 36 Stunden ihres Lebens außerhalb des Eies sind die kleinen Küken ganz besonders aufnahmebereit für Umweltreize. Wir sprechen daher von der sogenannten Prägungsphase, in der sie gegenüber den auf

Zwiesprache zwischen Henne und Küken.

sie einstürmenden Eindrücken außerordentlich sensibel sind. Von größter Bedeutung ist, dass sich diese ersten Eindrücke unverwischbar bei den Hühnerkindern einprägen.

Mutter Natur hat sich dabei natürlich etwas gedacht. Hühnerküken sind Nestflüchter, das heißt, sie sind imstande, nach relativ kurzer Zeit ihr Nest zu verlassen und ihre nächste Umgebung zu erkunden. Nun hat eine Hühnermutter ja etwa zehn bis 15 Küken zu betreuen, die sie, würden alle nach eigenem Gusto das Nest verlassen, wohl nur schwer beaufsichtigen, zur Nahrungssuche anleiten und vor Gefahren schützen könnte. Die enge Bindung zwischen Glucke und Küken wird, wie bereits erwähnt, durch Zwiesprache zwischen der werdenden Hühnermutter und den noch in ihren Eiern steckenden Kindern eingeleitet, dazu kommt nach dem Schlupf noch das Einprägen des Aussehens der Mutter und der Geschwister. Das alles zusammen fixiert die kleine Schar für den notwendigen Zusammenhalt in den ersten Lebenswochen. So folgen sie nach kurzer Zeit ihrer Mutter geschlossen, wo immer sie hingeht.

Künstlich erbrütete Küken, die nie zuvor eine Glucke gehört oder gesehen haben, laufen sogar sich bewegenden Schachteln oder flackerndem Licht hinterher. Wir sehen also, dass hier bestimmte Verhaltensweisen instinktmäßig festgelegt sind. Ein bestimmter Schlüsselreiz löst eine ganz bestimmte Reaktion aus. Interessant ist auch, dass diese Nachfolgebereitschaft nur etwa bis zum achten Lebenstag anhält. Küken, die bis dahin nicht auf eine Glucke geprägt sind, werden nicht mehr bereit sein, einer nach diesem Zeitpunkt zugesetzten Glucke nachzulaufen beziehungsweise sich von ihr führen zu lassen.

GLUCKEN ALS AMME

Innerhalb der ersten Lebenswoche der Küken ist ihre Akzeptanz und die der Glucke noch recht flexibel. Obwohl sich die kleinen Küken Stimme und Aussehen ihrer Mutter in den ersten Stunden und Tagen sehr genau einge-

GUT ZU WISSEN

Verwaiste Hühnerküken kann man auch einer führenden Pute anvertrauen. Putenglucken sind sogar meist bessere Brüterinnen und Mütter als Hühnerglucken. Früher wurden oft eigens Puten für das Brutgeschäft gehalten. Vorteile waren: Man kann ihnen mehr Eier unterschieben und sie mittels eines speziellen Brutkastens innerhalb weniger Tage zur Brut zwingen. Eine Besonderheit ist der brütende Truthahn. Er gilt als besorgter Vater und streitbarer Verteidiger seiner Küken.

prägt haben, gelingt es doch immer wieder, wenn es die Umstände erfordern, Küken an eine andere Glucke zu gewöhnen und die Glucke dazu zu bewegen, fremde Hühnerkinder zu adoptieren. Wichtig ist für die Küken, dass die neue Mutter ein möglichst ähnliches Aussehen wie die alte hat, das heißt vor allem, die gleiche Färbung. Eine gute Glucke hingegen akzeptiert Hühnerkinder jeglicher Färbung, seien sie von einer anderen Glucke oder von einem Brutapparat erbrütet.

Die größte Chance auf Erfolg bei der Familienzusammenführung hat man, wenn man die Tiere abends in der Dämmerung zusammenbringt. So haben sie schon die ganze Nacht Zeit, sich kennenzulernen und sich aneinander zu gewöhnen.

DIE MUTTERROLLE

Bei ihren ersten Ausflügen in die Umgebung weichen die Küken ihrer Mutter nicht von der Seite. Verliert doch einmal eines den Anschluss an die quirlige Mannschaft, wird es jämmerlich anfangen zu piepsen. Diesen durchdringenden Ton, das sogenannte Verlassenheitsweinen, werden wir

„Alle Küken heeeeerkommen".

recht häufig hören, denn bereits bei einer Entfernung von mehr als 10 m können die Küken ihre Mutter nicht mehr erkennen. Sofort wird die Alte mit lautem Glucken antworten und das verlorene Kind zur Herde zurückführen.

Nur wenn die Hühnermutter ihre Kleinen unter strenger Kontrolle beisammen hat, kann sie auch den überall lauernden Gefahren wirksam begegnen. Eine führende Glucke ist ausgesprochen wehrhaft und aufs Äußerste kampfbereit. Mit wütender Entschlossenheit stellt sie sich jedem vermeintlichen Angreifer. Denn wie bei den meisten Tieren und auch beim Menschen setzt Mutterliebe ungeahnte Kräfte frei. Während sich manche Vögel, wie beispielsweise der Kiebitz, variantenreicher Täuschungsmanöver bedienen, um einen herannahenden Feind von ihren Jungen abzulenken, setzt die Glucke auf Angriff und beherzte Abwehr. So kann sie sich sogar gegen eine Krähe oder Katze stellen.

Für Gefahren, die aus der Luft drohen, ist sie besonders sensibel. Entdeckt sie das typische Flugbild eines Raubvogels am Himmel, stößt sie einen durchdringenden Warnruf aus, der die Küken veranlasst, sofort bei ihr oder in einem geeigneten Versteck Schutz zu suchen oder, wenn sie sich gerade weiter entfernt befinden, sich völlig erstarren zu lassen. Hat sich die Gefahr verflüchtigt, löst ein deutlich wahrnehmbares „gluck-gluck-gluck" die Erstarrung der kleinen Federbällchen oder lockt sie aus ihrem schützenden Versteck wieder hervor. Die Reaktion der Küken auf diese beiden Lautreize kann man sogar bei künstlich erbrüteten Küken ohne Glucke selbst testen. Man braucht dazu nur den Warnruf der Glucke nachzuahmen, und schon, wie vom Blitz getroffen, drücken sich die Kleinen in die Einstreu und verharren so lange regungslos, bis sie das Zeichen der Entwarnung, das gedehnte und ruhige „gluck-gluck-gluck", hören.

Aber auch wenn keine Gefahr droht, unterscheidet sich die Glucke in ihrem Verhalten sehr von ihren Eier legenden Schwestern. Liebevoll und mit einem anheimelnden „gluck, gluck" führt sie ihre kleine Schar durch den Hühnerhof. Sie achtet darauf, dass die Kleinen nicht durch nasses Gras oder durch Pfützen laufen, bringt sie bei großer Hitze an ein schattiges Plätz-

GUT ZU WISSEN

Den Warnruf der Glucke müssen die kleinen Vögel nicht erst lernen, ebenso wie die Glucke das Flugbild eines Raubvogels nicht erst lernen muss. Beides, die Reaktion der Glucke auf das Flugbild am Himmel sowie die Flucht oder das Erstarren der Küken nach dem Warnruf der Glucke, sind angeborene Instinkthandlungen.

chen und macht die hungrigen Schnäbel auf immer neue Leckereien aufmerksam. Zudem wird sie die Kleinen nicht durch zu lange Fußmärsche überanstrengen und sie am Nachmittag rechtzeitig und vollzählig wieder im Stall versammeln.

Wie bereits erwähnt, ist beim Ausleben der Mutterrolle nicht entscheidend, dass die Glucke die Küken auch ausgebrütet hat. Sollte einmal das Unglück geschehen und eine Glucke ausfallen, sollten wir eine Amme, also eine gerade führende Glucke, suchen, die sich der verwaisten Küken annimmt.

WIE HÜHNER LERNEN

Hühner leben nicht allein nach ihrem Instinkt. Sie sind wie alle höheren Lebewesen durchaus lernfähig. Diese Fähigkeit ist für die Befriedigung eines elementaren Grundbedürfnisses, das Fressen, von größter Bedeutung. Angeboren ist den kleinen Hühnervögeln wohl ein gewisser Picktrieb, also ein natürliches Interesse, kleine, sich bewegende Tierchen wie Spinnen, Fliegen, Ameisen sowie kleine Dinge von der Größe eines Weizenkorns mit dem Schnabel zu erfassen und neugierig zu untersuchen. Dass man diese kleinen lebenden und toten Objekte als Nahrung aufnehmen kann, lernen sie sehr schnell von ihrer Mutter. Insbesondere die Fähigkeit, zwischen genießbar und ungenießbar zu unterscheiden, sehen sie am Beispiel der Glucke, die sie zu besonderen Leckerbissen führt und sie durch Vorpicken, Hinhalten und Fallenlassen zum Picken und Verschlingen dieser Köstlichkeiten animiert. Unterstützt wird dieser Schulunterricht, wie könnte es anders sein, durch sogenannte Futterlockrufe der Glucke.

DIE FAMILIE TRENNT SICH

Haben die Kleinen ihre Lektionen fleißig gelernt, sind herangewachsen und brauchen den ständigen Schutz der Glucke nicht mehr, löst sich die Familie ungefähr nach acht Wochen auf – in manchen Fällen allmählich, fast unmerklich, in anderen Fällen von einem Tag zum anderen. Dann nämlich vertreibt die sonst so fürsorgliche Hühnermutter ihre herangewachsene Brut urplötzlich mit Schnabelhieben. Ein neuer Abschnitt für unsere Hühnerkinder beginnt.

„Schau gut zu" – die Henne zeigt ihrem Küken, was schmeckt und was nicht.

DIE FUTTERVORLIEBEN

TIPP

Da bei Hühnern der Futterneid besonders stark ausgeprägt ist, sollten wir für ausreichend große Futtergefäße sorgen, sonst werden die rangniederen Tiere leicht das Nachsehen haben und weniger leisten, als sie könnten.

Wie wir bereits erfahren haben ist unser Haushuhn kein Feinschmecker, sondern eher ein „Feintaster". Seine Vorlieben für bestimmte Futterarten werden also weniger von den geschmacklichen Eigenschaften als vielmehr von der Struktur, Größe, Form, Härte und Oberflächenbeschaffenheit geprägt. Hühner bevorzugen Futter, das sie leicht aufnehmen und verzehren können. Umständliche und zeitraubende Zerkleinerungsaktionen sind ihnen zuwider. Sie leben sozusagen nach der Devise „pick und weg". Ganze Körner haben sie daher in der Regel lieber als fein gemahlene Futtermischungen, da sie bei Letzteren wesentlich mehr Zeit benötigen, um satt zu werden. Der Weizen steht in ihrer Beliebtheitsskala ganz oben; es folgen Mais, Gerste, Roggen und schließlich Hafer. Allerdings müssen sich die Tiere beim Mais erst an das im Verhältnis wesentlich größere Korn gewöhnen, ehe sie ihn in ihrer Skala gleich nach dem Weizen einordnen. Beim Grünfutter sind vor allem dickblättrige, glatte und zarte Pflanzen wie Raps, Löwenzahn, Klee, Kohlblätter, auch saftige Rüben und Rote Bete beliebt. Zähe und womöglich behaarte Pflanzenteile wie etwa Gurkenblätter oder ausgewachsene Gräser werden dagegen verschmäht.

GUT ZU WISSEN

Neue Futtersorten oder das gleiche Futter in anderer Form erwecken beim Huhn zunächst Argwohn, schließlich Neugier und nach einiger Zeit der Gewöhnung Wohlgefallen.

DIE KÖRPERPFLEGE

IN DEN RUHEPAUSEN zwischen Futtersuche, Eiablage und sonstigen Aktivitäten widmen sich die Hühner immer wieder mit Hingabe der Pflege ihres Gefieders. Mit großer Geschicklichkeit werden einzelne Federn mit dem spitzen Schnabel erfasst und geordnet, die Haut zwischen den Federn gekratzt und geräuschvoll knabbernd nach Ungeziefer abgesucht.

Eine ganz besondere Art der Körperpflege ist das Sand- oder Staubbad, das die Tiere meist in den frühen Nachmittagsstunden nehmen. Sie hocken sich dazu in den Sand, in trockenes, etwas staubiges Erdreich oder in die lockere Einstreu. Mit kräftigen Scharrbewegungen werden Staub und Sand hochgewirbelt, bleiben auf dem Rücken der Tiere liegen und rieseln langsam durch die geöffneten Flügel. Wohlig legen sie sich zur Seite, strecken Flügel und Beine aus und wühlen sich immer tiefer ein. Schließlich wird das Sandbad mit kräftigem Körperschütteln beendet. Neben der Steigerung des Wohlbefindens dient es vor allem der Beseitigung der lästigen Hautparasiten, die nach Beendigung der Pflegeaktion zusammen mit dem Staub abgeschüttelt werden. Aus diesem Grund sollten wir eine solche Möglichkeit für unsere Hühner auch im Winter bereithalten. Im Kapitel „Hühner halten“ ab Seite 120 werden wir darauf noch näher eingehen. Es lohnt sich hier sicher, einigen Aufwand zu betreiben, denn ein gesundes Gefieder, frei von Ungeziefer, bedeutet Wohlbefinden.

Sieht aus wie tot – und ist doch pure Hühner-Wellness …

ANGST

UNMITTELBAR NACH DEM SCHLÜPFEN sind Küken noch ohne jegliche Scheu. Erst nach einigen Tagen können wir bei ihnen erste Anzeichen von Angst und Erschrecken beobachten. Unbekannte Geräusche, Gegenstände und Lebewesen können Küken regelrecht in Panik versetzen. Vor allen Dingen bewegliche Sachen mit pelzartiger Oberfläche fürchten sie sehr. Dabei kann es zu gefährlichen Situationen für die kleinen Hühnervögel kommen, dann nämlich, wenn sie sich erschreckt in einer Ecke zusammendrücken und dadurch Gefahr laufen, dass sie sich gegenseitig ersticken. Um dieser Gefahr vorzubeugen, benutzt man für die Aufzucht sogenannte Kükenringe und keine rechteckigen Umgrenzungen.

Auch erwachsene Tiere sind gegenüber allem Fremden und Ungewohnten empfindlich und misstrauisch. So geriet unsere zehnköpfige Hühnerschar – sonst gut gewöhnt an unseren hektischen Hund, an Katzen aus der Nachbarschaft und an unsere Kaninchen – einmal in helle Aufregung, als unser kleiner Sohn mit einem Teddybären im Arm im Hühnerstall erschien. Nun war diese neue Erscheinung nicht nur ungewohnt für sie, sondern löste offenbar dazu noch eine instinktive Angst vor dem Erbfeind, dem Fuchs, aus. Denn ähnlich wie beim Flugbild eines Raubvogels haben Hühner eine angeborene Furcht vor allem, was diesem Räuber ähnlich ist. Daran sehen wir, dass Hühner durch das schwach entwickelte Großhirn und die damit verbundene begrenzte Lernfähigkeit noch sehr stark auf ererbte Schlüsselreize reagieren.

UNARTEN UND WIE MAN SIE IN DEN GRIFF BEKOMMT

„SCHLECHTE BEISPIELE verderben die guten Sitten" und „wehret den Anfängen": Diese Weisheiten unserer Großeltern gelten in besonderem Maße auch für unsere Hühner. Haben wir einmal beobachten können, wie sich eine unserer Hennen am „Pelz" der Nachbarin mit Erfolg zu schaffen machte, sprich, ihre Federn auszupfte, oder gar Geschmack an dem selbst erzeugten Produkt, den Eiern, fand, ist höchste Aufmerksamkeit angesagt. Es wird nicht lange dauern und wir haben aufgrund des ausgeprägten Nachahmungstriebes unserer Schützlinge nicht nur eine Eier- oder Federfresserin in der Herde, sondern plötzlich viele. Neben dem Erkennen dieser Unarten und entsprechenden Gegenmaßnahmen ist das Wissen um die Ursachen und welche vorbeugenden Maßnahmen man ergreifen kann, weitaus wichtiger, um das Übel gleich an der Wurzel zu packen.

FEDERPICKEN

Das Federpicken oder Federfressen ist eines der Hauptprobleme bei gewerblicher Hühnerhaltung. Obwohl es bei der kleinen Hobbyhaltung eine eher untergeordnete Rolle spielt, sollte man über dieses Fehlverhalten dennoch Bescheid wissen. Es kann dabei nämlich zu ernsthaften Verletzungen bei den belästigten Tieren kommen. Als Folge davon wiederum kann der gefährliche Kannibalismus auftreten.

Es beginnt in der Regel ganz harmlos. Ein Huhn macht sich aus Neugierde, Langeweile oder einem sonstigen Grund an ein anderes heran und zupft es behutsam an einer hervorstehenden Feder. Einen besonderen Anreiz dafür liefern leicht abstehende Schwanz- oder Halsfedern, die oft minutenlang von der Übeltäterin bearbeitet werden. Aus dem stereotypen Spiel wird, da sich die bepickten Tiere aus ungeklärten Gründen selten zur Wehr setzen oder die Flucht ergreifen, ein intensiveres Picken. Schließlich richten sich die Aktionen nicht allein gegen die zarte Federspitze, sondern auch gegen den Federansatz mit der Folge, dass die Feder sich löst. Jetzt findet die Pickerin erst richtig Gefallen an ihrem Tun! Die Attacken gegen das Opfer werden immer gezielter, sodass es bald kahle Stellen im Federkleid hat. Die bevorzugten Bereiche für diese Angriffe befinden sich am Hals, auf dem Rücken und an der Kloake. Durch das gewaltsame Herausreißen der Federn entstehen schließlich blutende Wunden, die wie ein rotes Tuch auf alle Hennen wirken. Bald hat es das Opfer nicht mehr allein mit der Federfresserin Nummer eins zu tun, sondern mit einer blutrünstigen Herde, die ihm nach dem Leben trachtet. Ja, es beginnt eine kannibalistische Jagd auf das arme Tier.

Ursachen

Das zunächst harmlos anmutende Federzupfen kann sowohl genetisch bedingt sein als auch durch Haltungs- oder Fütterungsfehler ausgelöst werden. In den meisten Fällen kommen mehrere ungünstige Faktoren zusammen.

Fütterungsfehler können einmal in einer unausgewogenen Futterration begründet sein. Insbesondere Mineralstoffmangel und dabei das Fehlen von Kalzium und Natrium soll das folgenschwere Federpicken auslösen. Ebenso gibt es wissenschaftlich gesicherte Erkenntnisse über die geeignete und ungeeignete Form des Futters. Pelletiertes, also in gleichförmige Stückchen gepresstes Futter, hat eine grobe Struktur, weshalb die Tiere es rasch aufnehmen können – kurze Fresszeiten sind die Folge. Dadurch entstehen insbesondere an Schlechtwettertagen und im Winter, wenn wir den Aufenthalt der Tiere im Freien einschränken müssen, Langeweile und Frust. Das erhöht das Risiko des Federpickens erheblich. Die erwähnten Hauptursachen tragen auch bereits die Antworten für geeignete Gegenmaßnahmen in sich.

Schließlich scheint das Alter der Tiere für das Auftreten des Federpickens eine Rolle zu spielen. Hennen werden mit zunehmendem Alter zänkischer und aggressiver gegenüber ihren Artgenossen sowie gegenüber ihrer Umwelt.

GUT ZU WISSEN

Zu den größten Haltungsfehlern im Hinblick auf das Federpicken zählen überfüllte Ställe, mangelnder Auslauf und ein zu kleiner Scharrraum. Auch das Fehlen eines Hahnes wirkt sich ungünstig aus, da er entscheidenden Einfluss auf den sozialen Frieden einer Herde hat.

Vorbeugung und Gegenmaßnahmen

Geben wir unseren Tieren eine anregende, vielseitige und abwechslungsreiche Hauptmahlzeit, dazu ausreichend Grünzeug und eventuell noch Mineralstoffe zusätzlich, ist das eine gute Basis, um diese Unart zu vermeiden. Dazu geben wir unseren Schützlingen gesondert kleine Körnergaben in die Einstreu, damit sie sich mit fleißigem Scharren die Langeweile vertreiben können.

Der zweiten Hauptursache können wir vorbeugen, indem wir eine Überbesetzung des Stalles vermeiden. Deshalb sollten wir lieber ein oder zwei Hühner weniger anschaffen, als die Norm vorgibt. Weiterhin sollte ein gepflegter, genügend großer Auslauf zur Verfügung stehen und – insbesondere für die Winterzeit oder für Schlechtwetterperioden – ein ausreichend bemessener Scharrraum mit tiefer, sauberer Einstreu (Seite 114).

Um überhaupt geeignete, rasche Gegenmaßnahmen ergreifen zu können, müssen wir die einzelnen Tiere immer gut kontrollieren, sodass uns erste Anzeichen für veränderte Verhaltensweisen auffallen. Auf frischer Tat ertappte Federpicker sondern wir sofort von der Herde ab und versuchen, sie

Ein großer Stall, ein Kaltscharrraum, viel Freilauf und Beschäftigung beugen Unarten vor.

durch eine entsprechende „Diät“ mit besonders mineralstoffreichem Futter von ihrer Untugend abzubringen. Da die Gefahr eines „Rückfalls“ leider sehr groß ist, müssen aber diese Kandidaten immer unter Beobachtung bleiben. Gleichzeitig sollten wir überlegen, ob unser Fütterungs- und Haltungssystem den zuvor genannten Anforderungen genügt. Unverbesserliche Wiederholungstäter dürfen leider nicht in der Herde bleiben, sie sollten in den Kochtopf wandern.

Nie aber sollten wir uns von der Versuchung leiten lassen, die oft bereits arg zerzausten Opfer zu schlachten. Denn schließlich würde am Ende nur noch die Federpickerin überleben und gerade mit ihr wollen wir ja keinesfalls weiterzüchten. Vielmehr müssen wir bereits aufgetretene Verletzungen der misshandelten Hennen zunächst durch Desinfizieren medizinisch versorgen. Um das Tier vor weiteren Attacken zu schützen, sollten wir es – abhängig von der Schwere der Verletzungen – von der übrigen Herde trennen, bis die Wunden leidlich verheilt sind und keine blutigen Hautpartien mehr einen Anreiz zum Picken für die sonst braven Hennen bieten. Der Handel hält übrigens auch spezielle ölhaltige Präparate bereit, die – auf die Wunde gegeben – eine weitere Belästigung der verletzten Tiere durch andere verhindern sollen. Die Wirkung dieser Mittel ist jedoch oft nur von kurzer Dauer und eine tägliche Neubehandlung über Wochen für den Hühnerhalter sehr mühevoll.

EIERFRESSEN

Die nächste Unart, das Eierfressen durch die Hühner, ist ebenfalls eine leidvolle Erfahrung für so manchen Hühnerhalter. Eines Tages stellt er fest, dass die Eierausbeute zurückgeht. Die Hennen müssten jedoch Eier legen, wie

TIPP

Wollen wir etwas über die Legetätigkeit einer Henne erfahren, kann uns eventuell das Abtasten ihres Legebauches weiterhelfen. Bei einer legenden Henne ist dieser Bereich zwischen den beiden Schambeinen mindestens zwei Finger breit und weich.

TIPP

Der gesunde Menschenverstand sollte einen daran hindern, Eierschalen als Ersatz für Muschelkalk zu verfüttern. Sicherlich ist das Anbieten auch von in kleine Stücke zertrümmerten Eierschalen ursächlich für diese – wissenschaftlich ausgedrückt – oophagen Gelüste unserer Hennen.

das Abtasten des Legebauches verrät – sofern der Halter diese Untersuchung beherrscht. Bald wird er aber durch intensive Beobachtung herausfinden, dass sich manche Tiere genüsslich an ihrem eigenen Produkt zu schaffen machen. Diese Unart gefährdet natürlich nicht die Gesundheit der Hühner wie das Federpicken, aber auch in diesem Fall sollten wir uns mit Gegenmaßnahmen beeilen, denn der Nachahmungstrieb ist groß. Das kann sogar so weit gehen, dass eine Henne bereits ungeduldig vor dem Nest einer gerade legenden Henne patrouilliert, um sich sofort das noch warme Ei schmecken zu lassen. Und wir sprechen aus Erfahrung: Während eines Studienaufenthaltes in Schottland an einem Geflügelforschungsinstitut konnten wir beobachten, wie nahezu die gesamte Hühnerherde eine legewillige Artgenossin schon Minuten, bevor das Ei erschien, umringte, ja bedrängte, um sich im nächsten Augenblick auf das Objekt ihrer Begierde zu stürzen.

Ursachen

Die Ursachen für diese Untugend sind noch nicht eindeutig geklärt. Vermutet wird der negative Einfluss von Kalkmangel und damit verbunden das Legen von dünnschaligen oder schalenlosen Eiern, sogenannten Windeiern (Seite 78). So wird das köstliche Innenleben für die Hühner leicht zugänglich, und die Neugier sorgt dafür, dass sie es sogleich probieren. Auch sogenannte verlegte Eier, das heißt Eier, die nicht in die vorgesehenen Nester gelegt werden, scheinen einen gewissen Anreiz zu bieten (siehe unten).

Wie beim Federpicken scheint ein trister, wenig abwechslungsreicher Tagesablauf und ein fortgeschrittenes Alter der Hühner diese Unart zu fördern.

Vorbeugung und Gegenmaßnahmen

Die einfachste Maßnahme besteht darin, die Eier häufiger einzusammeln und die Nester besser einzustreuen, um Brucheier zu vermeiden. Denn erwiesenermaßen beginnt diese Untugend oft mit der zufälligen Bekanntschaft eines Huhnes mit einem aufgebrochenen Ei. Auch die Anschaffung von Abrollnestern kann hilfreich sein, bei denen die Hennen nach dem Legen nicht mehr an die Eier herankommen (Seite 112). Wissen wir gar keinen Ausweg mehr, sollte die Übeltäterin geschlachtet werden.

EIER VERLEGEN

Das Eierverlegen zählt zu den harmloseren, doch ärgerlichen Untugenden. Einmal ist es schließlich sehr zeitaufwendig, die oft kunstvoll im Stall oder Auslauf verborgenen Eier zu finden, zum anderen sind sie oft verschmutzt oder beschädigt.

Bei einer ausreichenden Anzahl kuschliger Nester geht kaum ein Ei daneben.

Ursachen

Warum die Hennen die angebotenen Nester nicht annehmen, kann viele Ursachen haben. Handelt es sich nur um einen Einzelfall, könnte beispielsweise mangelnde Ruhe im Nest der Grund für das „Versteckspiel“ sein. Rangniedere Tiere werden gern von anderen Hennen im Nest gestört und verdrängt. Frustriert suchen sie sich danach ein anderes, geheimes Plätzchen. Werden die Legenester aber generell nicht angenommen, sind sie eventuell im Stall falsch platziert, für die Tiere schwer zugänglich oder mit Parasiten verschmutzt.

Vorbeugung und Gegenmaßnahmen

Vorbeugend können wir dagegen einiges tun. Zunächst sollten wir für eine genügende Anzahl an Nestern sorgen (Seite 112), damit vor allem die rangniederen Hennen nicht genötigt werden, sich außerhalb ein lauschiges Plätzchen zu suchen. Für den Standort der Nester sollten wir nicht den sonnigsten Teil des Stalles wählen, weil die legewilligen Damen sich gern in eine schummrige Umgebung zurückziehen. Schließlich müssen wir darauf achten, dass die Nester sauber und frei von Ungeziefer sind, damit die Tiere unbelästigt bleiben und das Nest gern aufsuchen.

Noch junge Tiere, die erst mit dem Legen beginnen, können wir an das Aufsuchen der Nester gewöhnen, indem wir Porzellan-, Gips- oder weiße Holzeier in die Nester legen, da Hühner bekanntlich Nester bevorzugen, die bereits benutzt wurden.

Sollten wir dennoch eine Henne in der Herde haben, die sich nicht umstimmen lässt und im Verstecken ihrer Eier besonders erfolgreich ist – tragen wir es mit Humor. Wer hat schon alle Tage Ostern?

Hühner halten

Auf den nachfolgenden Seiten gehen wir von einem Hühnerhalter aus, der das Angenehme mit dem Nützlichen verbinden möchte – also Freude am Huhn gepaart mit dem Genuss von Eiern und gegebenenfalls auch von Fleisch. Wir gehen weiter davon aus, dass derjenige über ausreichend Platz für eine entsprechende Hühnerhaltung verfügt, aber keine vorhandenen Bauten als Domizil für die Tiere nutzen kann und kein nachbarlicher Einspruch zu erwarten ist. Die Planung für beispielsweise zehn Hennen und einen Hahn kann also beginnen.

DER STALL

IN DER PRAXIS wird alles Mögliche als Stall genutzt: von der zugigen Wellblechhütte bis zum „Luxusappartement". Anstreben wollen wir jedoch eine praktische Unterkunft zu angemessenen Kosten, in der sich die Tiere wohlfühlen und der tägliche Pflegeaufwand möglichst gering ist. Das Hühnerhaus ist schließlich der Ort, in dem sich der wesentliche Teil der Hühnerhaltung abspielt.

DAS BAUMATERIAL

Als Material für den Stallbau eignen sich sowohl Holz als auch Mauerwerk oder eine Kombination aus beidem. Wärmetechnisch bieten beide Baustoffe gute Lösungen. So ist die Entscheidung am Ende eine Frage des persönlichen Geschmacks und dessen, womit man lieber arbeiten möchte beziehungsweise was man sich handwerklich eher zutraut. Die modernen Baumaterialien erlauben heute eine einfache Handhabung bei hohem Qualitätsstandard.

DIE STALLGRÖSSE

Die Bemessung des Stallraumes richtet sich natürlich nach der Größe der Herde und der gewählten Rasse. Schwere Tiere benötigen mehr Platz als leichte Typen, Großhühner mehr als Zwergrassen. Dies mag wie selbstverständlich klingen, wird aber oft bei den Überlegungen und auch bei der praktischen Haltung vernachlässigt.

Als Faustzahl rechnen wir bei einem mittelschweren Typ, zum Beispiel Welsumer oder Deutsche Wyandotten, mit drei Hühnern je Quadratmeter Stallfläche (der Platzbedarf für die Sitzstangen mit Kotgrube beziehungsweise Kotbrett eingeschlossen). Dieser Wert bezieht sich auf eine Haltung, bei der die Tiere zusätzlich noch einen Auslauf zur Verfügung haben. Eine andere Form der Hühnerhaltung sollte für den Hobbyhalter auch gar nicht infrage kommen. Die genannten Faustzahlen stoßen jedoch bei einer extrem kleinen Herde mit zum Beispiel nur drei Tieren an die Grenze der realen Umsetzungsmöglichkeit. Denn ein Stall mit 1 × 1 m Grundfläche kann schwerlich auch noch zusätzlich erforderliche Dinge wie Gerätschaften, Futtersäcke und anderes aufnehmen. Für eine vernünftige Lösung sollte man so planen, dass bei Ställen bis 4 m² Größe eigens ein Anbau für Gerätschaften und Futterlagerung vorgesehen wird.

TIPP

Wenn die Grundfläche des Stalles quadratisch geschnitten ist, ermöglicht das eine kompakte Bauweise, die auch energietechnisch Vorzüge bietet.

EINIGE ZAHLEN ZUR STALLAUSSTATTUNG

Stallgröße	1 m² für 3 Tiere
Auslaufgröße	10–20 m² pro Tier
Legenester	1 Nest für 3–4 Tiere
Sitzstangen	1 m für 4–5 Tiere
Troglänge	10–15 cm pro Tier
Futterbedarf	115–130 g pro Tier / Tag
Wasserbedarf	200–250 ml pro Tier / Tag

Für zwölf Hennen und einen stolzen Hahn zum Beispiel benötigen wir als Mindestgröße demnach etwa 4 m² Fläche, dazu einen Anbau oder ein Abteil desselben Stalles für bereits zuvor erwähnte Geräte und Futtervorräte. Grundsätzlich ist es aber kein Fehler, unser Hühnerhaus etwas großzügiger anzulegen, als die Faustzahlen es vorgeben – größer geht immer!
Um Platz zu sparen, können wir noch eine Besonderheit einplanen: In dem Abteil für die Gerätschaften können auch noch die Nester an der Zwischenwand zum eigentlichen Stall angebracht sein. Das heißt, der Nestkorpus

Ein gut eingerichteter Stall für fünf bis acht große Hühner.

GUT ZU WISSEN

Wer in der glücklichen Lage ist, eine Altbausubstanz als Stall nutzen zu können, vielleicht einen massiven Schuppen, sollte sich ebenfalls an den hier genannten Empfehlungen orientieren.

befindet sich außerhalb des eigentlichen Stallraumes und ist durch eine Öffnung in der Zwischenwand vom Stall aus zugänglich. Dadurch verschwenden wir keinen Platz im Stall und können die Eier bequem entnehmen, ohne den Stallraum zu betreten.

Konstruktionstechnisch gehen wir beim Hühnerstall so ähnlich vor wie beim Bau eines Eigenheimes ohne Keller: Benötigt werden also ein geeigneter Standort, Fundamentstreifen mit Bodenplatte, Wände, eine Tür für den Halter und ein Ausschlupf für die Hühner, ein Fenster, ein Dach, Baumaterial und Werkzeug.

DER STANDORT

Der geeignete Platz für den Stall richtet sich zunächst nach den örtlichen Gegebenheiten, sollte jedoch möglichst eben und nahe dem Wohnhaus gelegen sein. Die Fensterfront sollte nach Süden oder Südosten hin ausgerichtet sein, damit möglichst viel Tageslicht einfallen kann und es im Hochsommer nicht zur Überhitzung kommt, was leicht der Fall wäre, würden wir die Fenster an der Südwestfront einbauen. Eine möglichst windgeschützte Lage ist von großem Vorteil, da Hühner sehr zug- und windempfindlich sind. Der Baugrund und die Auslauffläche sollten trocken sein, da sonst mit einem ständig feuchten Stall zu rechnen ist. Grundsätzlich gibt es immer die Wahl zwischen fest stehenden oder versetzbaren Ställen.

Ein fester Stall mit Kaltscharrraum für eine kleine Herde großer Hühner.

Bei versetzbaren Ställen kann es sich naturgemäß immer nur um Behausungen für eine kleine Hühnerherde handeln; es sei denn, man hat die Möglichkeit, einen Lkw-Anhänger, einen Bauwagen oder einen Schäferkarren zum Stall umzubauen.

Will man ein fest stehendes Gebäude errichten, ist ab einer bestimmten Größe eine Baugenehmigung erforderlich. Auskunft über die rechtlichen Gegebenheiten und die einzureichenden Unterlagen erteilt in diesem Fall die örtliche Baubehörde.

ES GEHT LOS: DER STALLBAU

Wir wollen uns im Folgenden an einem fest stehenden, großzügig bemessenen Gebäude von sagen wir mal 5 × 2,5 m Grundfläche orientieren, wobei die genannten Faustzahlen in der Regel als Mindestgrößen zu verstehen sind.

Das Fundament

Für das Fundament oder besser die Fundamentstreifen hebt man einen Fundamentgraben von etwa 50 bis 80 cm Tiefe und 20 cm Breite aus und verschalt ihn etwa 30 cm über die natürliche Geländefläche hinaus mit Brettern. In diesen Graben schütten wir zunächst etwa 10 cm hoch Kies ein und füllen darauf den Beton bis zum oberen Rand der Schalung. Das Einlegen von starkem Draht und diversen Metallstäben, die wir vielleicht noch von irgendwoher verfügbar haben, sogenannten Armierungseisen, dient der Erhöhung der Festigkeit und ist daher zu empfehlen. Ist geplant, die Wände in Holzbauweise zu errichten, sollten zugleich entsprechende Ankerschrauben für die Balkenlage, die auf das Fundament aufgebracht wird, mit eingegossen werden.

Den Boden des Stalles kann man in verschiedener Weise ausführen. Wichtig ist in jedem Fall, dass das Stallbodenniveau etwa 20 bis 30 cm über dem umliegenden Geländeniveau liegt, damit der Stall trocken bleibt. In der Regel wird mit einer Kiesschüttung begonnen, auf die dann entweder Beton als geschlossene Platte gegossen wird oder die mit feinem Sand aufgefüllt wird, auf dem dann zum Beispiel Ziegelsteine verlegt werden. In beiden Fällen sollte ein leichtes Gefälle des Bodens mit einer entsprechenden Abflussmöglichkeit vorgesehen werden.

Verlegt man statt einer geschlossenen Betonplatte Ziegelsteine im Sandbett, die man zusätzlich noch mit Kalkmörtel verfugen kann, hat man durch den ständigen Luftauftrieb von unten immer einen trockenen Stallboden. Zudem wird der biologische Abbauprozess des Kotes in der Einstreu verbessert, was dem gesamten Stallklima zugutekommt. Voraussetzung dafür ist jedoch das Einbringen von Lüftungsrohren auf dem Niveau der

TIPP

Natürlich können wir auch einen Stall fix und fertig kaufen. Inzwischen werden zum Beispiel im Internet zahlreiche Größen und Varianten angeboten. Oft muss man hier aber noch „optimieren“, damit der Stall auf die eigenen Bedürfnisse zugeschnitten ist und lange hält.

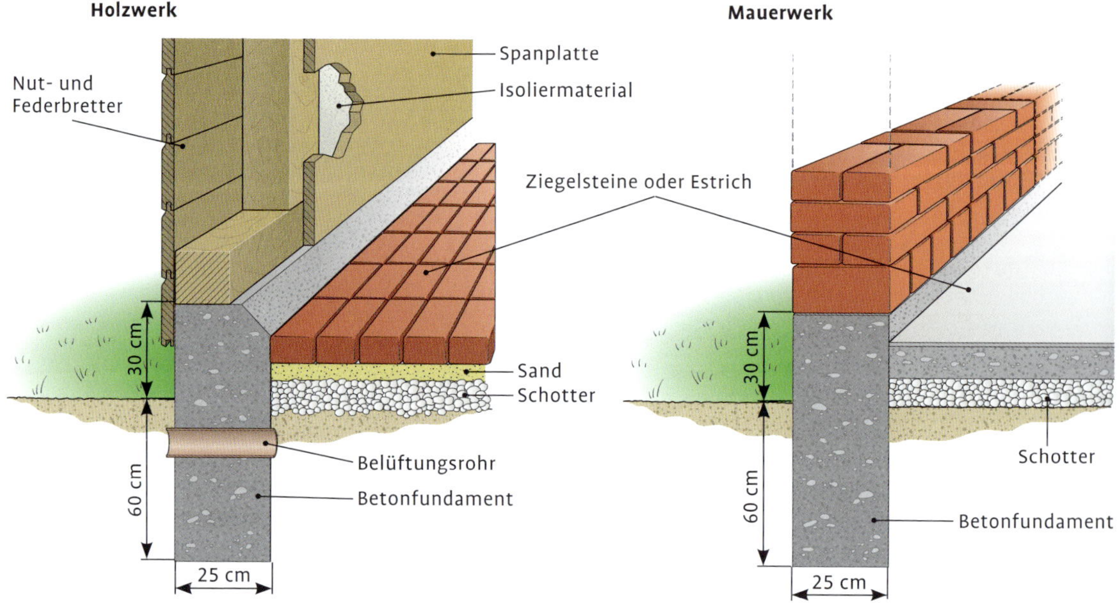

Zwei Alternativen für die Fundament-, Boden- und Wandkonstruktion.

Kiesschicht quer zu den Fundamenten; so wird erst der gewünschte Gasaustausch durch die Kiesschicht hindurch ermöglicht.

GUT ZU WISSEN

Die Betonplatte bietet den Vorteil einer problemlosen Reinigung und Desinfektion des Stalles, ermöglicht aber keine Luftzufuhr aus dem Unterboden.

Die Wände

Für die Konstruktion der Stallwände bieten sich Mauerwerk oder eine Holzkonstruktion an. Gemauerte Wände haben den Vorteil der Wärmespeicherfähigkeit und benötigen bei Verwendung entsprechenden Materials keine Wärmedämmung, bieten jedoch für den Laien größere Schwierigkeiten beim Selbstbau und sind meistens teurer. Holzkonstruktionen sind ideal für den Selbermacher. Dazu kann man bei Ställen in Leichtbauweise die Fundamente etwas schwächer auslegen und damit Kosten sparen.

Die Holzkonstruktion wird auf das über den Fußboden hinausragende Fundament aufgesetzt und mit diesem über die untere Balkenlage mit den eingegossenen Ankerschrauben fest verbunden. Die Holzständer beziehungsweise das Fachwerk werden beidseitig mit Holzbrettern beplankt und der Zwischenraum mit Isoliermaterial ausgefüllt.

Für die Außenwand können je nach Geschmack und baulichen Gegebenheiten Stülp- oder Deckelschalungen verwendet werden (die Unterschiede beider Konstruktionsarten sind auf der Zeichnung Seite 101 dargestellt). In jedem Fall ist darauf zu achten, dass das Regenwasser gut ablaufen kann und sich keine sogenannten Wassernester bilden, die das Holz zum Faulen bringen.

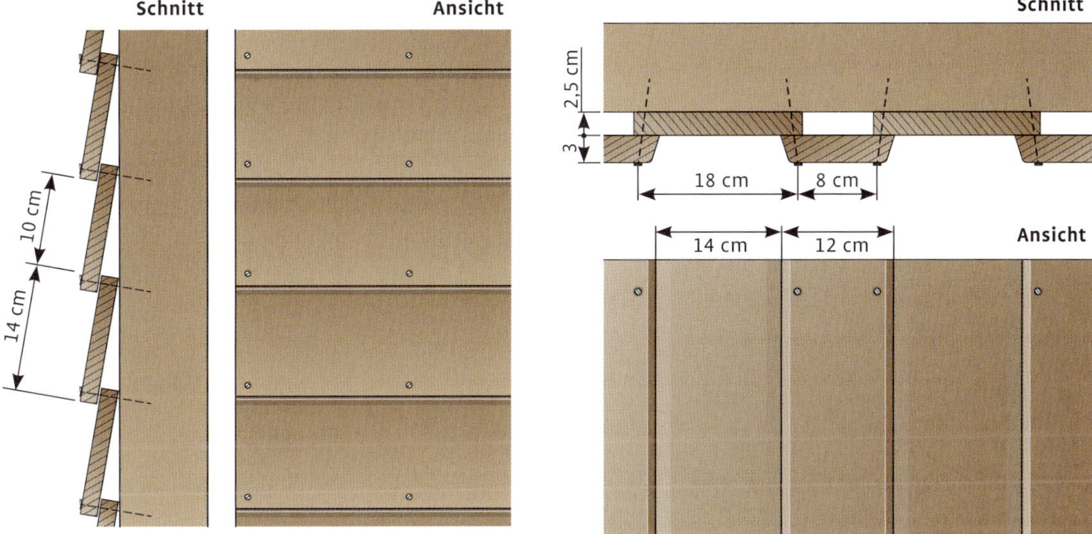

Links Stülpschalung, rechts Deckelschalung für die Außenwand des Stalles. Beides ist zweckmäßig, hier darf der persönliche Geschmack entscheiden.

Die Innenschalung sollte möglichst aus glatten Flächen wie zum Beispiel feuchtigkeitsbeständigen Spanplatten bestehen, um die Reinigung zu erleichtern. Bei der Schutzbehandlung der Holzschalung im Innenbereich sollte man auf keinen Fall giftige Präparate verwenden, da man sonst Gefahr läuft, diese als Rückstände im Ei wiederzufinden. Als Alternativen bieten sich chemische Holzschutzmittel mit dem Blauen Engel als Umweltgütezeichen beziehungsweise biologische Mittel wie etwa Leinölpräparate oder Kalkfarbe an. Man kann auch ganz auf eine Behandlung verzichten, was unter Umständen dazu führen kann, dass man eher als sonst Teile der Holzschalung ausbessern muss.

Besteht der Stall aus Mauerwerk, genügt innen – als Anstrich und gleichzeitig als probates Mittel gegen Ungeziefer – das Kalken mit Kalkmilch (Achtung! Schutzmaßnahmen) oder ein Kalkanstrich im Frühjahr und Herbst. Nach einigen Jahren ist jedoch dieser Innenanstrich wieder zu entfernen, da er ab einer gewissen Stärke den wichtigen Gas- und Feuchtigkeitsaustausch durch die Wand verhindert.

Die Gestaltung der Außenwand bleibt dem Geschmack überlassen. Eine Behandlung mit Kalkmilch wie im Innenraum scheint auch hier die einfachste und preiswerteste Methode zu sein. Ein Kalkzement-Außenputz sieht etwas edler aus, erfordert aber entsprechendes handwerkliches Geschick und einen tieferen Griff in den Geldbeutel. Eines sollte man in jedem Fall vermeiden, nämlich – wie heute beim Hausbau oft angepriesen – eine Dampfbremse in Form einer Folie in die Wand einzulegen. Dadurch würde der Gas- und Feuchtigkeitsaustausch nahezu unterbunden. Unsere Hühner produzieren durch ihre Atmung und ihre Exkremente ständig Feuchtigkeit. Ein feuchter Stall und damit ein schlechtes Stallklima wären die Folge.

Der rote Stall besitzt ein Satteldach, der braune Stall daneben ein Pultdach.

Das Dach

Als Dachformen bieten sich für einen Hühnerstall das Pultdach oder das Satteldach an. Beide Formen und auch gewisse Zwischenformen sind machbare Konstruktionen. Die einfachste und auch preiswerteste Variante ist dabei wohl das Pultdach, bei dem allerdings von vornherein die unterschiedlich hohen Wände zu berücksichtigen sind. Dafür entfallen wiederum die Giebelseiten, eine relativ aufwendige Dachkonstruktion sowie das Einziehen einer Zwischendecke. Die simpelste Möglichkeit besteht darin, auf die unterschiedlich hohen Seitenwände in einem entsprechenden Abstand die Sparren aufzulegen, darauf Bretter zu nageln und diese mit Teerpappe als Dachhaut abzudichten. Der Nachteil dieser Methode ist, dass die Teerpappe bei der Verarbeitung leicht Löcher oder Risse bekommt, sodass an diesen Stellen Feuchtigkeit eindringen und das Holz faulen kann. Darüber hinaus werden auf diese Weise eingedeckte Ställe im Sommer sehr heiß, da zwischen Dachabschluss (Bretter oder wasserfeste Holzplatten als Unterkonstruktion) und der Dachhaut (die eigentliche Dacheindeckung) keine Luftzirkulation möglich ist. Dies ist im Übrigen auch ein Grund dafür, wenn das Holz wegen der hohen Luftfeuchtigkeit aus dem Stallinneren von unten her fault.

Besser, aber natürlich auch kostenintensiver, ist es, ein isoliertes Dach zu konstruieren, das nach außen mit einer Dachhaut, zum Beispiel aus Faserzementplatten, Kunststoffplatten oder Dachziegeln, abgeschlossen wird. Im Baumarkt finden wir ein reichhaltiges Angebot, aus dem wir für uns das geeignete Material auswählen können. Dachziegel sind für Pultdächer nicht so sehr anzuraten, da diese Dachform in der Regel nur eine geringe Dachneigung aufweist. Außerdem sind Dachziegel teurer.

Gestalterisch ansprechender ist für viele sicherlich das Satteldach, da es meistens auch mit dem nahe stehenden Wohnhaus besser harmoniert. Je nach gewählter Dachneigung bieten sich hier zwei Varianten an: bei einer relativ geringen Dachneigung ein isoliertes Dach mit Faserzementplatten oder Ziegeln, bei einer stärkeren Dachneigung (ab etwa 30 Grad) ein nicht isoliertes Dach und das Einziehen einer Zwischendecke. Die Isolierung gegen Kälte beziehungsweise Hitze kann dabei durch die Lagerung der Einstreu, wie zum Beispiel Strohballen, auf der Zwischendecke erfolgen. So schlägt man drei Fliegen mit einer Klappe: Man erhält eine ansprechende Architektur mit einer guten Isolierung und Lagerkapazität. Die Dachüberstände sollten so bemessen sein, dass sie den Proportionen des Häuschens entsprechen, die Wände ausreichend gegen Schlagregen schützen, aber einfallendes Sonnenlicht nicht abschirmen.

Frische Luft – gesundes Stallklima

Die Lüftung und die Belichtung sind zwei ganz besonders wichtige Parameter bei der Stallplanung. Hühner sind dankbar für viel Frischluft, da sie wesentlich mehr Sauerstoff benötigen als andere Nutztiere. Das wäre nun kein Problem, wenn Hühner auf der anderen Seite nicht außerordentlich empfindlich gegen Zugluft wären. Die Lösung dieses Problems wird umso schwieriger und aufwendiger, je größer der Hühnerbestand ist.

Einfache Fensterkonstruktion an einem Kleinststall. Die Scheibe kann von geschlossen bis hin zu ganz offen variiert werden.

Das gilt in gleichem Maße für die Abluft, mit der die verbrauchte Luft, überschüssige Feuchtigkeit und Stallkeime abtransportiert werden. Bei größeren Beständen, ab 100 Hühnern etwa, werden meist regelrechte Absaugkamine eingebaut, die die bodennahe verbrauchte Luft absaugen und durch einen Kamin über das Dach nach außen befördern. Diese Größenordnung an Hühnern wird der Hobbyhalter aber kaum anstreben.

Bei kleineren Beständen reichen diverse Be- und Entlüftungsklappen ohne mechanische Hilfsmittel wie Ventilatoren völlig aus. Dabei macht man sich das bekannte physikalische Phänomen zunutze, dass kalte Luft auf den Boden sinkt und erwärmte Luft aufsteigt. Diesem Prinzip folgend werden bei einem Pultdach beispielsweise an der niedrigeren Wand zwischen den Sparren Klappen oder Schieber für die Belüftung angebracht. Da jedoch an eben dieser niedrigen Wand des Stalles meistens auch die Kotgrube mit den darüberliegenden Sitzstangen angebracht ist (und die Tür an der gegenüberliegenden hohen Wand), würden die Tiere durch die herabströmende Luft ständig im Zug sitzen. Dagegen kann man die Tiere schützen, indem man die Sparren von unten über die Grundfläche der Kotgrube hinaus mit Holz verschalt, sodass die Kaltluft zunächst durch diesen Kanal zwischen Dachfläche und Verschalung einströmt und erst vor der Kotgrube absinken kann. Die einfallende Frischluft verteilt sich nunmehr im Stall und kann von den Tieren aufgenommen werden.

Die verbrauchte Luft und der unverbrauchte Teil der Kaltluft erwärmen sich im bodennahen Bereich und sind dann bestrebt, nach oben zu entweichen. Für diese Abluft wiederum sieht man entsprechende Entlüftungs-

Solche Lüftungsklappen sorgen für die nötige Frischluftzufuhr.

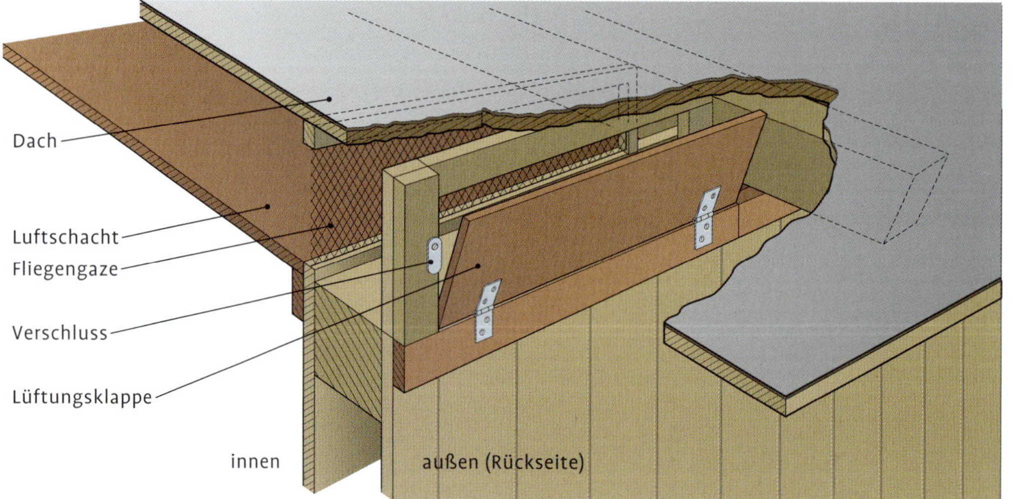

klappen an der höheren Wand des Stalls, unter dem Dach oder im oberen Teil des Fensters vor.

In ähnlicher Weise kann man bei Satteldächern verfahren. Hier sollte die Belüftung im oberen Teil der Fenster oder mit entsprechenden Vorrichtungen in Traufhöhe vorgesehen werden, die Entlüftung erfolgt dann über den Dachfirst. Diese Faustregeln sollte man bei der Belüftung beachten:

- Keine Lüftungsvorrichtung ohne Schutz vor „Mitessern" oder Räubern. Spatzen, Mäuse, Ratten und Marder sind am besten durch engmaschige, nicht zu schwache Drahtgitter fernzuhalten.
- Besser zahlreiche kleine Lüftungseinheiten als ein großes zu öffnendes Fenster. Das gibt dem Hühnerhalter die Möglichkeit, die Lüftung auf die Anzahl der Tiere und die Witterung optimal abzustimmen.
- Generell sind die Öffnungen für die Be- und Entlüftung in unterschiedlicher Höhe anzubringen: die Belüftung tiefer als die Entlüftung.

Das Licht

Natürliches Licht im Stall ist für die Hühnergesundheit entscheidend. Der Stoffwechsel wird dadurch angeregt, und die Produktion wichtiger Vitamine, wie zum Beispiel das Provitamin D, ist vom Sonnenlicht abhängig. Das Provitamin D wird in das Vitamin D3 umgewandelt, was wiederum für den Skelettaufbau und die Bildung der Eierschale unverzichtbar ist. Daher sollte möglichst an der Südostseite des Stalles ein Fenster eingebaut werden, dessen Größe so zu bemessen ist, dass keine dunklen Ecken im Stall entstehen. Das ist wichtig, weil in diese Ecken die Bakterien tötenden Strahlen der Sonne nicht vordringen können, und außerdem ist damit zu rechnen, dass die Hühner dort vorzugsweise ihre Eier ablegen. Als Faustregel gilt, dass die Fensterfläche etwa ein Drittel der Bodenfläche betragen sollte.

Neben der Größe der Fensterfläche sind der Grundriss des Stalles und die Himmelsrichtung von Bedeutung. Quadratische Grundrisse benötigen bis zu einer bestimmten Größe kleinere Fensterflächen als rechteckige Lösungen; und zwar so lange, wie die Höhe des Fensters ausreicht, um den hinteren Teil des Stalles noch ausreichend zu belichten. Ein Beispiel: Wenn ein 1,60 m hohes Fenster in eine 2,40 m hohe Wand eingebaut werden soll, ist es optimal, wenn die Fensterbrüstung bei etwa 40 cm Höhe eingeplant wird, sodass die Oberkante des Fensters bei 2 m liegt. Auf diese Weise bekommt der vordere Teil des Stalles genügend direkte Sonneneinstrahlung, und in der Tiefe wird die Stallfläche bis etwa 4 m belichtet.

Als Material reicht durchaus normales Fensterglas, allerdings sollte man dann für die kalte Jahreszeit Klappläden oder Ähnliches als Wärmeschutz vorsehen. Komfortabler, allerdings auch entsprechend teurer, sind Isolierglasscheiben für eine zusätzliche Wärmedämmung. Eine dritte Möglichkeit besteht darin, für den Winter ein zusätzliches Fenster als Doppelverglasung einzusetzen.

Bei kleineren Ställen, die über kein aufwendiges Lüftungssystem verfügen, sollten die Fenster so konzipiert sein, dass sie geöffnet werden können. Bewährt hat sich dabei ein Kippfenster im oberen Drittel, dessen dreieckige Öffnungswinkel an den beiden Seiten mit Wandungen aus Holz oder Beton versehen sind, die das seitliche Eindringen von Zugluft verhindern. Ideal wäre es, wenn man das gesamte Fenster während der heißen Sommermonate komplett herausnehmen könnte. Es ist in jedem Fall ratsam, von innen gegen das gesamte Fenster einen Drahtrahmen einzusetzen, der verhindert, dass die Hühner die Brüstung verkoten oder sich durch das geöffnete Kippfenster zwängen. Außerdem können so auch keine Räuber des Nachts in den Stall eindringen. Bewährt hat sich ein auf einem Holzrahmen aufgespanntes engmaschiges Drahtgeflecht mit einer Maschenweite von maximal 1 cm.

GUT ZU WISSEN

Sonnenlicht hat gegenüber der künstlichen Beleuchtung Vorteile: Es kostet nichts und tut dem Wohlbefinden der Tiere besonders gut.

Die Stalltür

Die Tür wird bei der Planung häufig vernachlässigt. Um sich später unnötigen Ärger zu ersparen, sollte man folgende Punkte beachten. Zunächst sollte sie zur Vermeidung von Zugluft absolut dicht konstruiert werden – etwa aus starken Nut- und Federbrettern – und vielleicht in Abstimmung auf die übrigen Stallwandungen eine zusätzliche Isolierung enthalten. Sie sollte weitgehend verwindungssteif ausgeführt werden, damit sie immer dicht schließt, und in einem soliden Türrahmen aufgehängt nach außen zu öffnen sein. Zuletzt sei in weiser Voraussicht darauf hingewiesen, dass der gut gelaunte Hühnerhalter, der beim Ausmisten jede einzelne Mistgabel aus dem hinteren Teil des Stalles bis an die Tür balancieren muss, weil sein Schubkarren nicht durch die Tür passt, schnell etwas von seiner Fröhlichkeit einbüßen wird.

Ein Vorraum für Gerätschaften

Jeder, der bei der Stallplanung auch einen entsprechenden Vorraum für die Lagerung von Gerätschaften, Futter und Einstreu berücksichtigt hat, ist hinterher sehr froh darüber – vergessen sind Mehraufwand und zusätzliche Kosten. Hier finden all die wichtigen Dinge ihren Platz, die wir immer schnell zur Hand haben sollten. Da man nicht immer davon ausgehen kann, dass alle Hühner handzahm sind, wir aber in vielen Fällen gezwungen sind, die Tiere anzufassen, ist ein zusammenlegbares Fanggitter hilfreich (Seite 180). Für Reinigungsmaßnahmen und zum Verteilen der Einstreu sollten wir als Mindestausstattung über eine Mistgabel, eine Schaufel, einen Besen, eine Wurzelbürste und einen Schubkarren verfügen; ferner über einen Korb zum Einsammeln der Eier, ein Messer zum Zerkleinern von Gartenabfällen und über Hammer, Kneifzange, Schraubenzieher, Schrauben und Nägel für kleinere Reparaturen. Einen Teil der Einstreu können wir ebenfalls im Vorraum lagern. Das hat allerdings den Nachteil, dass sich dort schnell Ungeziefer, insbesondere diverse Nager, einnisten können, die sich auch gern aus den Futtersäcken bedienen. Wenn wir aus Platzgründen die Einstreu im Vorraum lagern müssen, sollten wir daher immer nur kleine Mengen kaufen.

TIPP

Ist das Hühnerhaus nicht mit elektrischem Strom ausgestattet, gehört eine normale, aber leistungsfähige Taschenlampe zur Kontrolle bei der früh einsetzenden Dämmerung in den Herbst- und Wintermonaten unbedingt zur Ausstattung.

Der Durchschlupf

Wollen wir unseren Hühnern tagsüber einen ständigen Auslauf ermöglichen, müssen wir in die Wand einen Durchschlupf mit einer verschließbaren Klappe oder einem Schieber einbauen. Man rechnet für die lichten Maße etwa 30 cm in der Breite und 40 cm in der Höhe, für Zwerghühner etwa ein Drittel weniger. Bei einer größeren Herde sind am besten mehrere solcher Durchschlupfe vorzusehen.

Wichtig ist auch hier wiederum, dass keine Zugluft entstehen kann. Also ist es zweckmäßig, den Durchschlupf möglichst nicht gegenüber der Fensterfront anzubringen. Ein geeigneter Punkt ist sicherlich unter oder neben einem Fenster. Für die raue Jahreszeit kann man vor dem Durchschlupf einen Windschutzkasten aufstellen, der je nach Windrichtung an zwei Seiten geöffnet werden kann.

Durchschlupf mit Windschutzkasten – die Hühner müssen also einmal „ums Eck".

TIPP

Wir sollten wenn möglich unser Hühnerhaus so anlegen, dass wir zum Betreten nicht den Auslauf durchqueren müssen. Das garantiert uns weitgehend saubere Schuhe.

Bekämpfung von Mäusen und Ratten

Trotz baulicher Maßnahmen gegen das Eindringen von Mäusen und Ratten sollte man sie im Stall und im Außenbereich prophylaktisch bekämpfen, denn sie würden Futter mitfressen, es verunreinigen und möglicherweise Krankheiten übertragen. Man kann spezielle Köderboxen, die so konstruiert sind, dass andere Tiere, insbesondere natürlich unsere Hühner, nicht an die Köder gelangen und somit keinen Schaden nehmen können, dauerhaft auslegen. Zur Abwehr von Mäusen platziert man die Boxen am besten auf dem Stallboden direkt an den Innenwänden des Stalles mit den beiden

DAS WICHTIGSTE ZUM STALL ZUSAMMENGEFASST

- geeigneten Standort ausfindig machen
- Größe und Grundriss auf die Herdengröße abstimmen
- das Baumaterial dem eigenen handwerklichen Geschick und/oder dem Geldbeutel anpassen
- auf ausreichende Isolierung achten
- ausreichende Belüftung vorsehen
- auf ausreichende Belichtung achten
- Fenster gegen das Eindringen von Räubern und Schädlingen sichern
- die Zugangstür groß genug für den Schubkarren planen
- für einen zugfreien Durchschlupf sorgen

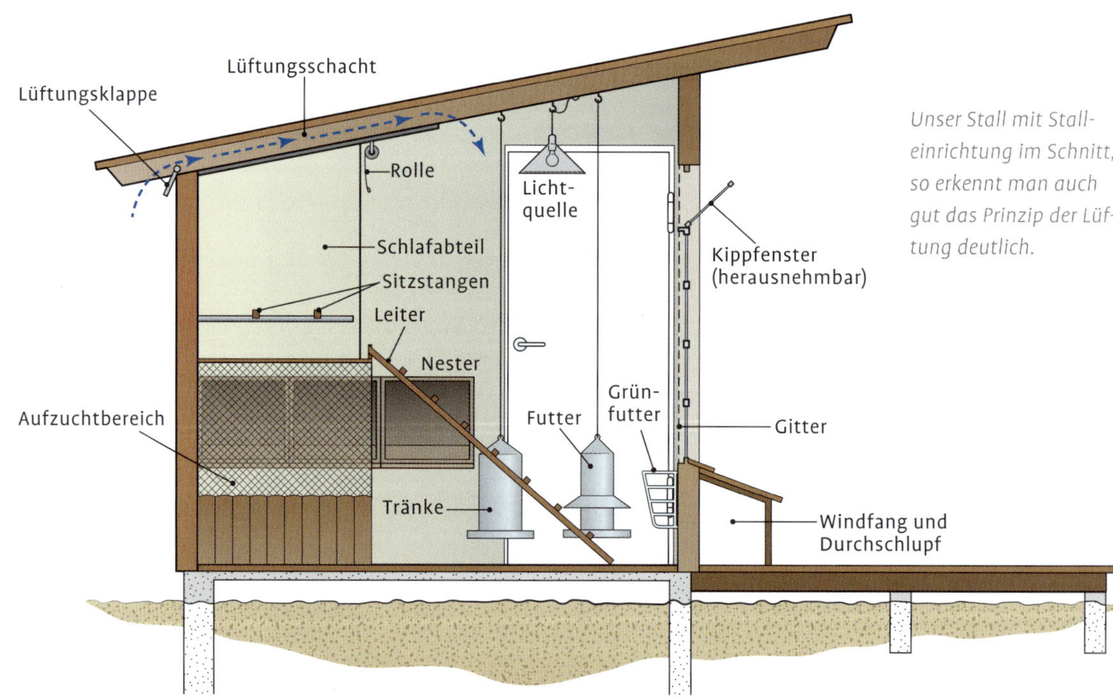

Unser Stall mit Stalleinrichtung im Schnitt, so erkennt man auch gut das Prinzip der Lüftung deutlich.

gegenüberliegenden Öffnungen parallel zur Wand, da die Nager sich gern entlang der Wand bewegen. Die gleiche Methode können wir im Außenbereich zur Abwehr von Ratten anwenden. Am besten sollten wir uns zur Anwendung solcher Köderboxen im Fachhandel (zum Beispiel Landhandel oder Gartencenter) ausführlich beraten lassen. Bei Bedarf können wir natürlich auch einen professionellen Schädlingsbekämpfer beauftragen.

DIE STALLEINRICHTUNG

Ist der Stall unter Dach und Fach, können wir uns an die Inneneinrichtung machen. Also was braucht das Huhn? Es möchte Platz, um sich zu bewegen und auf dem Boden zu scharren; es sollte möglichst täglich ein Ei legen, wofür es ein geeignetes Nest benötigt, einen Platz zum Schlafen, sauberes Futter und Wasser und ein Sandbad. Für die Befriedigung all dieser Bedürfnisse ist der Hühnerhalter verantwortlich. Damit ihm dies nicht zur Last wird, sollte er eine möglichst funktionelle und arbeitssparende Stalleinrichtung wählen.

So kann eine komplette Stalleinrichtung aussehen.

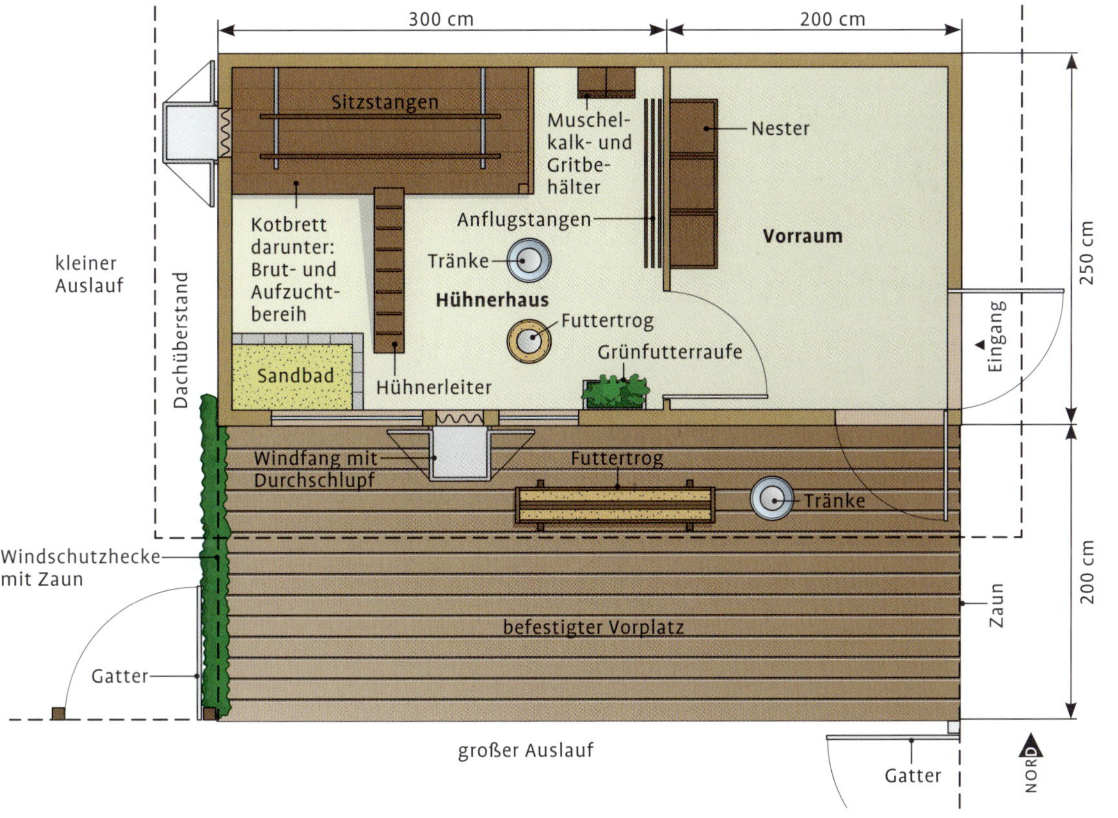

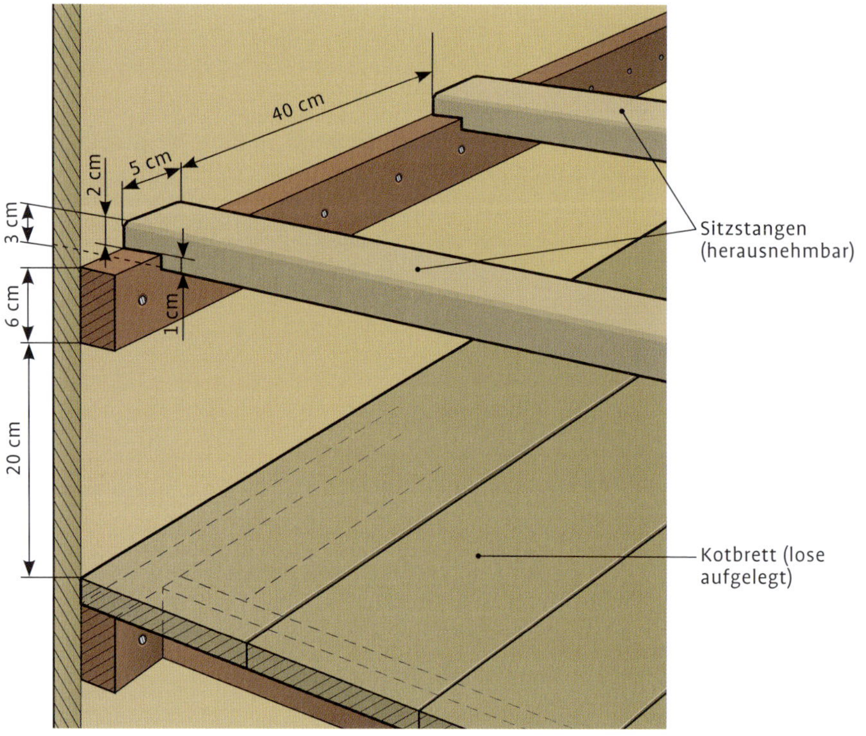

Sind Sitzstangen und Kotbrett herausnehmbar, erleichtert das die Reinigung ungemein.

Sitzstangen und Kotgrube

Der Hühnervogel liebt es in der freien Natur, die Nacht auf einem erhöhten Sitzplatz, etwa in einem Baum oder einem Busch, zu verbringen, was in der Jägersprache mit dem bedeutsamen Wort „aufbaumen" umschrieben wird. Diese Gewohnheit beziehungsweise diesen Instinkt hat auch unser Haushuhn nicht abgelegt, obwohl es im Stall vor Fuchs und Marder eigentlich geschützt ist. Daher dürfen in einem ordentlichen Hühnerstall die Sitzstangen nicht fehlen.

Üblicherweise werden diese über der sogenannten Kotgrube, einem mit Holzplatten eingerahmten und mit grobem Maschendraht abgedeckten Bereich, angebracht. Das Drahtgitter dient dazu, dass die Hühner nicht in ihren eigenen Kot, der übrigens reichlich anfällt, hineingelangen können. So wird die Gefahr der Krankheitsübertragung möglichst gering gehalten.

Eine zweite und für kleine Bestände gut geeignete Möglichkeit besteht darin, unter den Sitzstangen Kotbretter mit einem leichten Gefälle nach vorn anzubringen, von denen der Kot in regelmäßigen Abständen abgekratzt werden kann, sodass auch hier die Verschmutzung des Stalles und damit die Gefahr der Ausbreitung von Krankheitserregern reduziert wird. Jedoch sind Kotbretter von mehr als 1,50 m Tiefe unzweckmäßig, da sie sich im hinteren Bereich nur schwer reinigen lassen.

Der Abstand der Stangen von der Wand sollte je nach Rasse 35 bis 40 cm betragen, damit die Tiere sich nicht die Schwanzfedern zerstoßen. Hält man viele Hühner, kann man auch mehrere Sitzstangen hintereinander, aber auf gleicher Höhe, anbringen. Sie sollten ebenfalls mindestens 35 cm Abstand voneinander haben, sodass sich die Hühner nicht gegenseitig belästigen.

Für jedes Tier sollte man je nach Rasse eine Sitzstangenbreite von 20 bis 25 cm einplanen, also etwa vier bis fünf Hühner pro laufendem Meter Stange. Wegen der besseren Reinigungs- und Desinfektionsmöglichkeit sollten die Sitzstangen lose auf entsprechenden Lagerhölzern aufliegen und etwa 1,5 cm in einer genau passenden Vertiefung versenkt sein. Die optimale Breite der Stange beläuft sich auf 4 bis 5 cm und die Höhe auf 3 cm. Für Zwerghühner genügen schmalere Sitzstangen, etwa im Format einer Standard-Dachlatte aus dem Baumarkt. Üblicherweise verwendet man aus hygienischen Gründen glatt gehobelte Stangen mit rechteckigem Querschnitt, deren Kanten auf der Oberseite leicht abgerundet sind. Zu empfehlen ist darüber hinaus, sie im Neuzustand und nach jeder Reinigung mit einem handelsüblichen Holzöl einzuölen oder mit einer ungiftigen Lasur zu behandeln, die die Oberfläche glatt hält und den lästigen Milben den Aufenthalt erschwert.

Die Sitzstangen werden etwa in einer Höhe von 40 bis 60 cm über dem Stallboden angebracht. Darunter befindet sich die Kotgrube oder ein Kotbrett. Diese Höhe können unsere Hühner in der Regel mühelos überwinden, um auf ihren Schlafplatz zu gelangen. Bei fluguntauglichen Rassen, zum Beispiel dem Seidenhuhn, oder bei höher angebrachten Sitzstangen sollten wir eine einfache Hühnerleiter vorsehen.

Ein Kleinststall – hier ist nichts „von der Stange“, aber die Hühner nachts am liebsten auf der Stange. Huhn Nummer 1 hat sich schon mal den besten Platz gesichert.

Besonderes Augenmerk ist bei der Konstruktion der Sitzstangen und der Kotgrube beziehungsweise des Kotbretts darauf zu richten, dass alle Teile leicht auseinandernehmbar und transportabel sind, weil das die Reinigungs- und eventuellen Reparaturarbeiten erheblich erleichtert. Dieser Grundsatz gilt auch für die meisten anderen Stalleinrichtungsgegenstände, auf die wir jetzt zu sprechen kommen.

Das Schlafabteil

Wollen wir ein Übriges tun und unseren Tieren für die Nacht – insbesondere in der kalten Jahreszeit – ein molliges Plätzchen schaffen, können wir die beiden Seiten der Sitzstangen und bei Bedarf auch nach oben hin mit Brettern oder Spanplatten abschließen und die Vorderseite mit einem Rollo oder einem Vorhang versehen. Dadurch entsteht ein kleines Separee, das durch sein geringes Raumvolumen die Eigenwärme der Tiere besser konservieren kann. Manch einem mag diese Konstruktion leicht übertrieben erscheinen, doch hat sie, wie bereits erwähnt, in den Wintermonaten handfeste Vorteile. Besonders leicht lassen sich solche Details bei Sitzstangenvarianten mit Kotbrettern ergänzen.

Legenester

Im vorhergehenden Abschnitt zum Stallbau hatten wir bereits erwähnt, dass der Stall in seiner ganzen Breite und Tiefe ausreichend Helligkeit erhalten soll, weil sonst die Hühner ihre Eier in den dunklen Ecken ablegen. Das entspricht der Natur der Hühner – also müssen wir ihnen attraktive Nester bauen, wo wir die Eier bequem einsammeln können.

Einfache Nester sind nichts anderes als kleine Holzkisten von ungefähr 40 × 30 × 30 cm (s. Seite 73 und 93), die mit der Öffnung nach vorne aufgestellt oder an der Wand angebracht werden. Grundsätzlich unterscheiden wir bei den Nestkonstruktionen Einzel- und Familiennester. Bei den Einzelnestern unterscheiden wir mehrere Varianten, nämlich offene Nester, Abrollnester und Fallnester.

Das offene Nest ist für das Huhn frei zugänglich und mit weichem Material (zum Beispiel Strohhäcksel oder Hobelspäne) eingestreut. Die Einstreu hat einerseits den Nachteil, dass sie schnell verschmutzt und daher öfter ausgewechselt werden muss. Andererseits vermittelt sie der Henne das Gefühl eines natürlichen Nestes.

Beim aufwendigeren Abrollnest rollt das Ei nach der Eiablage in eine Schublade nach unten aus dem Nest. Um das zu erreichen, wird zum Beispiel ein mit Sisal bespannter Rahmen, der in der Mitte ein Loch besitzt, als Nestboden verwendet. Die darunter angebrachte Schublade ist mit einem Drahtboden versehen und fängt das Ei weich auf. Das Abrollnest lässt der Henne

TIPP

Um dem Huhn das Erreichen des Nestes zu erleichtern, sollte eine Anflugstange angebracht werden und das untere Viertel der Nestöffnung mit einem Brett versehen sein, damit Einstreu und Eier nicht herausfallen können.

Platz ist in der kleinsten Hütte – das Nest kann von außen geöffnet und die Frühstückseier ganz einfach entnommen werden.

keine Gelegenheit, mit ihrem Produkt in Kontakt zu kommen und beugt daher dem Eierfressen (Seite 91) vor, zudem garantiert diese Variante saubere Eier.

Beim Fallnest handelt es sich um eine Konstruktion mit einer beweglichen Klappe an der Frontseite, die das Huhn in das Nest hinein-, nicht aber wieder herauslässt, also eine „Falle". Das hat den Vorteil, dass wir bei diesem Nesttyp jedes einzelne Tier identifizieren und dem jeweils gelegten Ei zuordnen können. Das ist besonders wichtig, wenn wir gezielt züchten möchten, das heißt, nur Eier von bestimmten Hennen für die weitere Vermehrung unserer Hühnerschar verwenden wollen. Allerdings ist hier unser Arbeitsaufwand wesentlich höher, weil wir jedes Tier nach der Eiablage einzeln wieder aus seinem „Gefängnis" befreien müssen.

Eine weitere Möglichkeit besteht darin, den Hühnern ein sogenanntes Familiennest anzubieten, das aufgrund seines größeren Nestraumes von mehreren Hennen gleichzeitig benutzt werden kann. Denn Hennen legen ihre Eier gern in Gesellschaft. Um bei diesem Nesttyp Brucheier zu vermeiden, sollten wir tief einstreuen.

Darüber hinaus sollten die Nester zur Reinigung und Stalldesinfektion leicht zerlegbar sein und mit einem abgeschrägten Dach versehen werden, damit sich die Hühner nicht darauf aufhalten und sie verschmutzen können.

Noch besser ist die Lösung, das eigentliche Nest im Vorraum des Stalles anzubringen – mit Zugang für die Hennen über den Stallraum und einer verschließbaren Öffnung zur Eierentnahme im Vorraum. Dadurch schaffen wir im Stall mehr Platz und brauchen zum Eiersammeln nicht durch die Einstreu zu gehen.

GUT ZU WISSEN

Wichtig ist, dass die Nester so hoch angebracht sind, dass die Hühner sich bequem auch darunter aufhalten können und somit für Ungeziefer, zum Beispiel Mäuse, keine Chance besteht, sich dort einzunisten.

Der Scharrraum

Beobachten wir das Huhn beim Fressen genauer, fällt auf, dass es mit dem Kopf und mit den Füßen ständig in Bewegung ist. Es frisst nicht wahllos alles in sich hinein, sondern selektiert auch bei dem weitgehend homogenisierten Legemehl sehr stark nach Größe und Beschaffenheit, also nach der Struktur des Futters (mehr dazu auf Seite 123). Bewegt es sich im Raum vor der Kotgrube beziehungsweise unter dem Kotbrett in der Einstreu, wandert es ständig suchend und scharrend umher. Wegen dieser dem Huhn eigenen und angeborenen Verhaltensweise nennt man den eingestreuten Bereich Scharrraum.

GUT ZU WISSEN

Scharren und damit ein ihm arteigenes Bedürfnis befriedigen kann ein Huhn nur auf einem weichen, nachgiebigen Untergrund. Wir sollten daher für einen solchen sorgen.

Die Einstreu

Als Einstreumaterial eignen sich am besten kurz geschnittenes Stroh oder grobes Sägemehl beziehungsweise Hobelspäne. Unter dem Kostengesichtspunkt ist sicher eine Mischung aus Kurzstroh und Hobelspänen am günstigsten und auch durchaus zweckmäßig. Sägespäne haben den Nachteil, dass sie zeitweise von den Tieren aufgenommen werden und ihnen ein Sättigungsgefühl vermitteln, ohne Energie zuzuführen, was sich negativ auf die Eier- beziehungsweise Fleischproduktion auswirkt.

Die Einstreu hat mehrere wichtige Funktionen. Zum Ersten soll sie die anfallenden Ausscheidungen der Tiere binden. Da das Huhn nur einen Darmausgang und keinen gesonderten Harnausgang besitzt und sehr häufig – drei- bis sechsmal je Stunde – Kot mit Harn absetzt, ist dieser Faktor mit Blick auf eine möglichst geringe Geruchsbelästigung und einen möglichst trockenen Stall sehr wichtig.

EINSTREUMATERIALIEN IM VERGLEICH

Aufsaugvermögen je 100 kg Einstreumaterial

Hobelspäne	145 kg
Sägespäne	152 kg
Weizenstroh	257 kg
Roggenstroh	265 kg
Haferstroh	275 kg

Zum Zweiten ermöglicht die weiche Einstreu den Tieren neben dem Scharren eine weitere Befriedigung ihrer angeborenen Verhaltensweisen, nämlich im „Sand" zu baden (Seite 120). Anstelle des Sandes muss auch häufig die Einstreu im Stall herhalten, das heißt, die Hühner legen sich in die Einstreu und pulvern sich durch Bewegungen mit den Beinen und Flügeln ein, um Parasiten zu bekämpfen. Effektiver ist dieses Prozedere, wenn wir unseren Tieren einen richtigen „Sandkasten" einrichten, indem wir mit Brettern oder Steinen einen Bereich von der übrigen Einstreu abgrenzen und möglichst so legen, dass er durch das Fenster reichlich von der Sonne beschienen werden kann; hier hinein wird trockener Sand gefüllt.

Zum Dritten kann die Einstreu insbesondere zur Winterzeit die Funktion des Wärmespenders, also der Heizung, erfüllen. Denn ist der Stallboden wie oben beschrieben optimal gestaltet und mit sogenannter Tiefstreu versehen, das heißt mit einer etwa 10 cm hohen Einstreuschicht, entwickelt sich in der Einstreu ein reges Bodenleben und damit ein Umwandlungsprozess des Hühnermistes in Kompost. Dabei entsteht Wärme, die zum

FUTTERGEFÄSSE UND TRÄNKEN

Sie dürfen bei der Stalleinrichtung natürlich nicht fehlen. Da je nach Futterkomponente andere Gefäße zu empfehlen sind, befassen wir uns auf Seite 129 detailliert mit diesem Thema.

größten Teil nach oben abgegeben wird und die Stallluft erwärmt. Je nach Verschmutzungsgrad sollte man diesen Mix aus Einstreu, Exkrementen, Futterresten und Ähnlichem regelmäßig durch Zugabe von etwas frischer Einstreu aufarbeiten und etwa zwei- bis dreimal im Jahr komplett auswechseln. Natürlich ist dieses Material dann hervorragend für unseren Komposthaufen im Garten und damit später als hochwertiger Dünger für unsere Blumen- und Gemüsebeete geeignet. Somit schließt sich elegant der Kreislauf unserer Tierhaltung im Sinne der Nachhaltigkeit.

Bei Minihaltungen im urbanen Umfeld sollten wir die Exkremente möglichst täglich vom Kotbrett und der flachen Einstreu einsammeln. Wir können sie problemlos in einem verschlossenen Beutel über den Restmüll entsorgen.

Einstreu im Kleinststall.

DER KALTSCHARRRAUM

ALS IDEALE Ergänzung zum geschlossenen Stall und als Übergang zum Auslauf bietet sich der Bau eines Kaltscharrraumes an. Gemeint ist ein überdachter Vorraum mit befestigtem Untergrund, der an allen drei offenen Seiten von einem engmaschigen Drahtgeflecht bis unter die Dachkante eingefasst ist. Praktisch ist es, wenn der Kaltscharrraum an der Längsseite des Stalles angebracht ist, da er so über die ganze Länge vom Schutz der Wand profitiert und häufig das Stalldach so erweitert werden kann, dass es den Kaltscharrraum gleich mit abschirmt.

Der Boden dieser überdachten „Veranda" sollte mit Hobelspänen, Kurzstroh oder anderem geeigneten Material eingestreut sein, in dem unsere Hühner nach Herzenslust an der frischen Luft scharren können. An einer Seite sollte eine ausreichend große Tür eingebaut sein, durch die bei Bedarf die verschmutzte Einstreu leicht ausgewechselt werden kann.

Ein solcher Scharrraum ist eine sehr schöne Möglichkeit, unsere Hühner auch bei schlechter Witterung ins Freie lassen zu können, ohne den Auslauf zu belasten. Darüber hinaus ist eine solche Option von besonderer Bedeutung, wenn zum Beispiel das örtliche Veterinäramt eine länger andauernde Stallpflicht wegen Seuchengefahr – wie etwa der Vogelgrippe – verhängt. Dadurch soll verhindert werden, dass unsere Hühner mit Wildvögeln und deren Ausscheidungen in Kontakt kommen können. Um das zu erreichen (und auch, um unerwünschte Nager fernzuhalten), sollte die Maschenweite des Drahtgeflechts nicht mehr als 1 cm betragen.

Bei Schlechtwetter wird der Kaltscharrraum zum Erlebnisspielplatz …

Lieblingsdösplatz – unter Büschen wird die Siesta garantiert entspannt.

DER AUSLAUF

AN DEN STALL ANGRENZEN sollte ein möglichst großer Auslauf, der den Tieren viel Licht, Luft und möglichst auch Nahrung bietet. Über die Mindestgröße eines Auslaufs sind sich die Experten nicht ganz einig. In jedem Fall jedoch ist ein kleiner gepflegter Auslauf im Zweifel besser als ein größerer Auslauf im Hinterhof zwischen allerlei Unrat und an der von der Sonne abgewandten Seite. Als realistischen Anhaltspunkt kann man sich merken, dass pro Tier etwa 10 m² zur Verfügung stehen sollten. Damit ist der Auslauf im Idealfall so groß, dass er noch unter vertretbarem Kostenaufwand eingezäunt und mindestens einmal unterteilt werden kann. Diese Unterteilung bietet uns die Möglichkeit, die Tiere jeweils von einer abgegrasten und verscharrten Weide auf eine frische umzusiedeln und dieses Spielchen beliebig oft zu wiederholen.

GRAS, BÜSCHE UND BÄUME

Ein optimaler Auslauf besteht nicht einfach aus einer eingezäunten und mehr oder weniger grünen Fläche. Ein guter Auslauf ist ein auf die Bedürfnisse des Huhnes ausgerichtetes Biotop. Hat man nur einen Auslauf von beschränkter Größe zur Verfügung, hat der Bewuchs besondere Bedeutung. Sonst werden die Tiere nach kurzer Zeit auf einer kahlen Fläche jeden Gras-

So sind die jungen Triebe vor Hühnerschnäbeln geschützt und auch die Wurzeln können nicht von scharrenden Hühnerbeinen freigelegt werden.

halm suchen müssen, und bei nassem Wetter verwandelt sich die Ödnis schnell in einen Sumpf.

Für die Einsaat hat sich eine Mischung aus Samen unterschiedlicher Gräser sowie verschiedener Kleearten bewährt. Eine solche Mischung können wir individuell zusammenstellen oder im Fachhandel eine entsprechende Wiesengrasmischung kaufen. Sport- und Spielrasenmischungen gehen auch, haben aber keine gesunden Kräuteranteile, dafür wachsen sie generell dichter und sind damit belastbarer gegenüber dem Scharrvergnügen unserer Hühner.

Da die Hühner nicht alles Grün abpicken, bilden sich von Zeit zu Zeit kleine gestrüppartige Inseln aus verdorrten Pflanzen, die wir dann abmähen und zusammen mit eventuell aufgeworfenen Maulwurfshaufen gleichmäßig über den Auslauf verteilen können. Das Düngen besorgen die Hühner selbst. Jedoch empfiehlt es sich, die gesamte Gründecke zweimal im Jahr zu mulchen und je nach Bodenverhältnissen wenigstens einmal im Jahr zu kalken, damit sich das Grün wieder erholt. Danach sollten die Hühner ein bis zwei Wochen lang möglichst nicht auf den Auslauf gelangen.

Wenn irgend möglich, sollte der Auslauf so angelegt werden, dass er auch einen oder mehrere Bäume oder Sträucher mit einschließt. Im Schatten halten die Tiere besonders an heißen Sommertagen gern ihre Mittagsruhe. Eine führende Glucke mit ihren Küken findet dort eine besondere Vielfalt an eiweißreicher Nahrung in Form von Kerbtieren und Würmern. Im Übrigen bereichert ein Baum oder Strauch die Landschaft um das Haus, spendet vielleicht Obst und bietet darüber hinaus den Hühnern Deckung vor Feinden wie Habicht und Sperber. Eine reichhaltige Strukturierung des Auslaufs, gerade mit diesen Elementen, kommt dem natürlichen Lebensraum unserer Hühner als Gebüschbewohner am nächsten, beugt Langeweile vor und ist auch Rückzugsort bei möglichen Plagereien ranghöherer Tiere.

TIPP

Sind keine Bäume und Büsche vorhanden oder sind sie noch zu klein, um Schatten zu spenden, empfiehlt sich der Bau eines Schattendaches, das die Tiere an heißen Tagen schützt.

EINE BEFESTIGTE FLÄCHE

Vor dem Hühnerhaus legen wir eine befestigte Fläche an, die den Hühnern auch bei schlechtem Wetter erlaubt, frische Luft zu schnappen und sich die Beine zu vertreten. Am besten erstreckt sich diese Fläche über die ganze dem Auslauf zugewandte Seite des Hühnerstalles mit einer Tiefe von etwa 2 bis 3 m. Als Untergrund eignet sich grober Kies oder auf Kies beziehungsweise einen Betonsockel verlegte Lattenroste.

Wichtig ist, dass der Untergrund schnell Wasser abführt, also gut drainiert ist, damit der Regen oder der Gartenschlauch die dort hinterlassenen Exkremente der Tiere leicht in den Untergrund spülen kann. Insbesondere an sonnigen Wintertagen ist dieser Teil des Auslaufs, soweit er von Schnee befreit und abgetrocknet ist, ein beliebter Aufenthaltsort der Hühner.

Werden Lattenroste verwendet, so sollten wir darauf achten, dass sie nicht zu groß dimensioniert sind, damit man sie besser händeln und gegebenenfalls auch reparieren beziehungsweise auswechseln kann. Als Alternative für diese befestigte Fläche bietet sich der bereits erwähnte Kaltscharrraum an (Seite 116).

DIE KOMPOSTKISTE

Als weitere preiswerte Futterquelle (und gleichzeitig als Dünger für unseren Garten) dienen viele organische Haus- und Gartenabfälle, die wir in eine mit Brettern abgegrenzte Fläche werfen, wo sie von den Hühnern gern bis auf die von ihnen unverwertbaren Teile verzehrt und zerkleinert werden. Diese Abfälle wie Fallobst, Grasschnitt, Kohlblätter und anderes – unverdorben und ohne Schimmel wohlgemerkt –, mit den Exkrementen der Tiere vermischt und von ihnen fein zerkleinert, ergeben den denkbar besten Rohkompost, den wir von Fall zu Fall entnehmen und dem normalen Gartenkompost beimengen. Durch Zugabe von kleinen Mengen Kalk erhalten wir einen Kompost mit hoher Düngekraft.

Vom Kinderspielhäuschen zum Sandbad-Wellnesstempel.

DAS SANDBAD

Für das Wohlbefinden unserer Tiere sollten wir ein überdachtes Sandbad einrichten. Man kann es ganz einfach aus vier Holzpfosten mit einem schrägen Pultdach bauen. Damit es windgeschützt ist, sollten die Rückseite und die dem Wind zugewandte Seite mit Brettern verschalt werden. Darunter wird eine flache Grube ausgehoben und mit Sand gefüllt, dem von Zeit zu Zeit etwas Holzasche gegen Parasiten beigemengt werden kann.

EINZÄUNUNG UND WINDSCHUTZ

Der gesamte Auslauf sollte durch einen Zaun abgeschirmt werden. Zum einen, damit Feinde der Hühner nicht eindringen können: Der Fuchs schleicht als Kulturfolger des Menschen in den Vorgärten der Städte und Dörfer herum; den Habicht gibt es wohl seltener, doch ist in manchen Gebieten mit ihm durchaus zu rechnen. Viel schlimmer sind herrenlose Hunde und streunende Katzen, die schnell erkennen, wo leichte Beute zu machen ist. Zum anderen verhindert ein Zaun, dass sich die Hühner selbstständig machen. Der Nachbar ist unter Umständen über den Besuch unserer Hennen nicht sehr erfreut, wenn sie ihm die Blumenrabatten verscharren oder Hühnerhaufen auf dem gepflegten Rasen hinterlassen. Schon manch gute Nachbarschaft hat wegen forscher Hühner ein Ende gefunden.

Als Einzäunung eignen sich Materialien aus Drahtgeflecht ebenso wie Holzgitterzäune oder feste Mauern. Die vorteilhafteste, vielleicht nicht gerade die schönste Lösung besteht in der Errichtung eines Maschendrahtzaunes. Er ist relativ preiswert, ausreichend sicher, gut für den Selbstbauer zu handhaben und wirft keinen Schlagschatten. Letzteres ist besonders wichtig bei tief stehender Sonne in den Wintermonaten und vor allem bei Ausläufen mit relativ geringer Grundfläche. Der Zaun sollte zwischen

Dieser Zaun ist offensichtlich zu niedrig …

Zaun mit engmaschigem Kükendraht im unteren Bereich.

1,50 und 1,80 m hoch sein, da auch das hochgezüchtete Huhn unserer Tage zum Teil noch über eine erstaunliche Flugtüchtigkeit verfügt.

Das Tor sollte so dimensioniert sein, dass wir mit einer Schubkarre, dem Rasenmäher und sonstigen Gerätschaften bequem hindurchkommen.

Liegt der Auslauf sehr exponiert und ist er stark dem Wind ausgesetzt, sollte man an der dem Wind zugewandten Seite eine schützende Hecke oder einen anderen Windschutz in Form eines Bretterzaunes oder einer Mauer vorsehen. Dabei reichen 2 bis 3 m Breite zur Bildung eines windarmen Winkels aus, in dem sich die Tiere bei zugigem Wetter gern aufhalten werden.

Wollen wir selbst Küken aufziehen, müssen wir darauf achten, dass der untere Teil des Zaunes bis etwa 50 cm Höhe aus engmaschigem Draht besteht, weil sonst Küken, die durch den grobmaschigen Zaun schlüpfen und von der Glucke nicht mehr beschützt werden können, schnell das Opfer von Katzen oder unbeaufsichtigten Hunden werden.

TIPP

Die guten Flieger unter unseren Hühnern können auch hohe Zäune überwinden. Abhilfe kann eine Netzabdeckung über dem gesamten Auslauf schaffen oder das Stutzen der Federn an einem der beiden Flügel mit einer Schere. Bei fachgerechter Ausführung ist diese Prozedur absolut schmerzfrei. Man sollte sich aber unbedingt beim ersten Mal von einem Fachmann anleiten lassen.

HÜHNER FÜTTERN

IN DER FREIEN NATUR sucht sich das Huhn sein Futter selbst. Es ernährt sich vorwiegend von Sämereien aller Art, von Grünzeug verschiedenster Beschaffenheit und von allerlei Tierischem wie Kerbtieren, Würmern, Engerlingen, Schnecken und anderem. Damit ist für das Huhn der sogenannte Erhaltungsbedarf für den Ablauf der normalen Lebensprozesse sichergestellt. Wir verlangen jedoch von unseren Tieren mehr. Während die Wildhenne in der freien Wildbahn in der Regel pro Jahr ein Gelege ausbrütet und aufzieht, erbringt ihre domestizierte Schwester das 20-fache an Leistung. Da wir nun auf der einen Seite unseren Hühnern nur einen eng begrenzten Nahrungsraum zur Verfügung stellen können und auf der anderen Seite aber diese gewaltigen Leistungen von ihnen fordern, müssen wir ihnen ständig hochwertige Nahrung sowie frisches sauberes Wasser anbieten. Wie der Futter- und Wasserbedarf aussieht, wie man nahrhafte Futtermischungen zusammenstellen kann und welche Fütterungstechniken sinnvoll sind, wollen wir uns auf den folgenden Seiten ansehen.

WAS UND WIE VIEL FÜTTERN?

Den täglichen Auslauf der Tiere samt selbst gesuchter Leckerbissen vorausgesetzt, aber nicht mit eingerechnet, benötigt ein mittelschweres Huhn als Erhaltungsenergie und fürs Eierlegen etwa 120 g Trockenfutter in Form von Futtermehl, Körnern oder Pellets. Dies sollte in einer Mischung daherkommen, die dem Bedürfnis des Huhnes möglichst optimal entspricht. Diese Ration sollte enthalten (die Prozentzahlen sind nicht als absolute Größen, sondern als Orientierungshilfe anzusehen):

- 60–65 % Kohlenhydrate (Getreide)
- 20–25 % pflanzliches Eiweiß (Soja-, Erbsen- oder Rapsschrot)
- 5–10 % Fett (Ölkuchen)
- 5–10 % Mineralstoffe (Muschelkalk, Grit, Spezialpräparate)
- 4–9 % Mühlennachprodukte (Kleie)
- bis 1 % Vitamine und Spurenelemente (Fertigpräparate)

Jeder Hühnerhalter kann diese Komponenten natürlich einzeln kaufen, wenn er möchte, und sie nach seinen Wünschen zusammenstellen. Nach unseren Erfahrungen ist es aber empfehlenswert, eine fertige, qualitätsgeprüfte Standardfuttermischung (Legemehl) als Grundfutter zu verwenden und dieses um einen Anteil von einem Drittel Getreide oder einer Getreide-

Bei einem Bügeltrog können die Hühner das Futter nicht herausschleudern.

mischung zu ergänzen. Alternativ kann man auch Legehennen-Alleinfutter verwenden.

Wer viel Zeit hat und vielleicht aus weltanschaulichen Gründen ein industriell gefertigtes Futter ablehnt, kann auf eine handelsübliche Futtermischung auch verzichten und nur hochwertiges Getreide, Kleie, entsprechende Eiweißträger und gesondert Vitaminpräparate füttern. Diese Methode ist nur für den Halter sinnvoll, der seine Hühner intensiv betreuen kann. Auf dieser Basis könnte eine tägliche Ration wie folgt aussehen (Mengenangaben pro mittelschweres Huhn):

- **Morgens:** Weichfutter in Form von gequollener Gerste (15–20 g), Weizenkleie (5–10 g), Sojamehl (10–15 g), Vitamine (1 g)
- **Mittags und abends:** insgesamt etwa 100 g Weizenkörner mit einem bescheidenen Anteil Maisschrot, dazu gelegentlich Magerquark (umgerechnet auf einen Tag etwa 5–7 g)

TIPP

Sofern etwa im Winter kein Auslauf möglich und Grünzeug nicht verfügbar ist, aber auch immer mal zwischendurch als vitaminreiche Leckerbissen, kann man angekeimte Weizen-, Gersten- oder Haferkörner zufüttern. Man lässt die Körner dazu in einer flachen Schale auf einem feuchten Vlies einige Tage keimen.

Die Körnerfuttermischung sollte, da sie in diesem Fall die Hauptkomponente der Gesamtfutterration darstellt, aus hochwertigem Getreide mit einem hohen Anteil an Weizen bestehen, will man, dass die Hennen fleißig Eier legen. Mais sollte im Körnerfutter nur in Maßen enthalten sein, da die Tiere sonst verfetten.

Natürlich können wir auch beide Fütterungsmethoden kombinieren, sprich, Standardfutter mit Weichfutter in möglichst krümeliger Konsistenz ergänzen.

Egal, welche Futtermethode gewählt wird: Auf jeden Fall ist das Bereitstellen von Grit zu empfehlen. Hinter diesem Namen verbergen sich kleine Steinchen, die insbesondere bei einem hohen Anteil an Körnerfutter und geringen Freilaufmöglichkeiten dem Huhn die Verdauung beziehungsweise das Zerkleinern der Nahrung erleichtern. Bekanntlich haben Hühner ja keine Zähne, mithilfe derer sie die Nahrung zerkleinern könnten. Das alles muss ihr Muskelmagen mit der Unterstützung von kleinen Steinchen leisten (Seite 59). Die Steinchen nehmen die Hühner in der Regel in der freien Natur auf. Erhalten sie unter ungünstigen Bedingungen diese Gelegenheit jedoch nicht, müssen wir ihnen diese Verdauungshilfe im Stall verfügbar machen.

Auch Muschelkalk oder ein anderer Kalkträger sollte jederzeit zur unbegrenzten und beliebigen Aufnahme zur Verfügung stehen, da die legende Henne naturgemäß einen sehr hohen Kalkbedarf hat.

ZUSATZFUTTER AUS KÜCHE UND GARTEN

Selbstverständlich können wir unseren Hühnern auch Reste aus der Zubereitung unserer Mahlzeiten oder nicht verwertetes Grünzeug aus dem Garten beifüttern. Insbesondere für Gemüse, wie zum Beispiel Möhren, Kohlrabi, Kohlblätter, Zucchini und Ähnliches, sowie alle möglichen Sorten von Salat und Obst sind sie sehr empfänglich. Aber auch Kartoffeln (unbedingt gekocht), Kräuter und weiche Brotreste mögen sie gern. Stark gewürzte Speisereste sollte man nicht verfüttern.

Apfelschnitze? Lecker.

Man muss nicht alles klein hacken oder gar musen. Unsere Hühner sehen es oft als willkommene Beschäftigung, eine ganze Gurke oder Äpfel in Einzelteile zu zerlegen und komplett zu verputzen. Wichtig dabei ist, dass diese Reste nicht faulig oder angeschimmelt sind.

DIE FUTTERQUALITÄT

Die einzelnen Futterkomponenten müssen von einwandfreier Beschaffenheit sein. Wir müssen die Futtermittel also – egal, ob fertige Mischungen oder verschiedene Körnergetreide und Mühlennebenprodukte wie zum Beispiel Kleie – trocken und kühl lagern, damit nichts schimmelt oder sich beispielsweise Mehlmotten einnisten. Auch gegen Mäusekot sollten die Futtermittel geschützt sein. Daher empfiehlt es sich, nur überschaubare Mengen einzukaufen und diese zum Beispiel in einer verschließbaren Truhe oder Kiste zu lagern. Vorsicht ist auch bei der Verwendung von sogenanntem Ausputzgetreide geboten, da dieses möglicherweise giftiges Mutterkorn, einen Pilz, enthält. Am besten lassen wir uns von einem vertrauenswürdigen Landwirt oder Müller beraten, wenn wir solche Komponenten verfüttern wollen.

GUT ZU WISSEN

Hühnerfutter können wir mehlförmig, geschrotet, als gebrochene Körner, als ganze Körner oder als Pellets (gepresstes Mehlfutter) kaufen. Die mehl- oder schrotförmige Konsistenz des Futters bringt die Tiere dazu, sich länger mit der Futteraufnahme zu beschäftigen. Dadurch kommt weniger Langeweile auf und Unarten wird vorgebeugt (Seite 89).

Die Frage, ob wir Futterkomponenten – speziell Getreidekörner – aus konventionellem oder biologischem Anbau verfüttern sollten, muss jeder Halter für sich beantworten.

Das Thema Gentechnik begegnet uns vor allem beim Einsatz von Fertigfuttermischungen, wenn Sojaschrot als Eiweißkomponente in großem Umfang Verwendung findet. Das Problem können wir dadurch lösen, dass wir nur Futtermischungen kaufen, die eindeutig als gentechnikfrei (GVO-frei) oder biologisch angebaut deklariert sind. Futtermischungen, deren Eiweißkomponente aus Raps- oder Erbsenschrot statt Soja besteht, sind möglich, aber nur schwer im Handel zu bekommen.

WIE FÜTTERN?

Gehen wir von der bewährten Kombination zwei Drittel Standardfutter (Legemehl) und ein Drittel Getreide (Weizen, Gerste, Hafer, Mais) aus, ist es am vorteilhaftesten, das Legemehl in einem Futterautomaten zur beliebigen Aufnahme ständig anzubieten (Seite 129). Dieses sogenannte Standardfutter ist insbesondere für die kalte und nasse Jahreszeit hilfreich, wenn die Tiere nicht täglich ins Freie können. Dann kann es ihnen im Stall nämlich schnell langweilig werden, und damit können zum Beispiel Untugenden wie Federpicken oder Eierfressen aufkommen (Seite 89ff.). Je länger die Hühner dann damit beschäftigt sind, Futter aufzunehmen, desto geringer wird die Gefahr solcher Untugenden.

Zusätzlich streuen wir unseren Tieren abends noch Körner in die Einstreu, die rasch aufgenommen werden und sättigen, sodass schnell Ruhe und Müdigkeit in die Herde einkehrt. Außerdem halten wir durch diese tägliche Körnergabe den notwendigen und meist auch gewünschten engen Kontakt mit unseren Tieren aufrecht, indem wir sie dabei mit der Stimme anlocken und zugleich versuchen, sie an Berührungen zu gewöhnen.

Verlegen wir uns auf die intensive Fütterungsmethode, ist der Aufwand größer. Töpfe, in denen man das selbst gemachte Weichfutter verabreicht, müssen nach Gebrauch gründlich gereinigt werden, da die Futterreste schnell säuern und dann zu Verdauungsstörungen führen. Vitaminpräparate werden ebenso zugekauft wie der Magerquark, der in einem extra Trog angeboten werden sollte.

DAS WASSER

Einer der wichtigsten und oft doch sehr vernachlässigten Bestandteile der Fütterung ist das Wasser. Der tägliche Wasserbedarf eines Huhnes ist nämlich etwa doppelt so groß wie der Futterbedarf, also etwa 250 g pro Tag. Am besten geeignet für kleine und mittlere Hühnerherden sind Rundtränkeautomaten, die etwa in Brusthöhe des Huhnes im Stall aufgehängt oder erhöht aufgestellt werden.

Hält das Wasser eines solchen Tränkeautomaten in der Regel auch für mehrere Tage vor, so sollte man es sich zur Gewohnheit machen, die Tränken an heißen Tagen täglich frisch zu füllen und in der übrigen Zeit nur die Tränkrinnen täglich auszuschwenken und zu reinigen.

Für größere Bestände eignen sich Nippeltränken sehr gut. Sie haben den Vorteil, dass sie nicht oder nur wenig verschmutzen können und wenig Arbeit machen. Bei Nippeltränken sollte man einen Nippel für etwa vier Tiere vorsehen.

Eine Rundtränke für Groß und Klein.

Rundfutterautomat.

FUTTER- UND TRÄNKGEFÄSSE

Zur Versorgung der Tiere mit Futter und Wasser reichen im Grunde die einfachsten Behältnisse aus, also ein einfacher Holz- oder Steintrog für das Futter und eine Keramik- oder Steingutschüssel für das Wasser.

Als zweckmäßiger haben sich jedoch – auch für kleinere Hühnerherden – im Handel erhältliche Automaten erwiesen. Denn das größte Ärgernis bei den zuerst genannten einfachen Behältnissen besteht darin, dass das Futter oder Wasser sehr schnell verschmutzt, eine beachtliche Menge des Futters durch Wegschleudern vergeudet oder von ungebetenen Zaungästen verspeist wird. Zumindest für das teure Legemehl und für Wasser sollte ein Behältnis angeschafft werden, das uns das tägliche Nachfüllen erspart, das leicht zu reinigen ist und nur wenig Verluste zulässt. Als preiswerte und bewährte Lösung haben sich der Rundfutterautomat und die Vorratstränke herausgestellt. Je nach Fassungsvermögen reichen beide Automaten für zwei bis fünf Tage, setzt man sie zur Zahl der Tiere und zur Größe des Stalles in ein entsprechendes Verhältnis. Keine Sorge, auch dieses leicht automatisierte System wird uns nicht gleich unseren Tieren entfremden. Die täglichen Körner- und Grünfuttergaben gewähren einen engen Kontakt mit unseren Schützlingen.

Der Futterautomat wird an einer Kette unter der Stalldecke befestigt und auf eine für die Tiere gut erreichbare Höhe eingestellt oder auf eine feste Unterkonstruktion gestellt und vorzugsweise mit Mehl- oder Pelletfutter gefüllt. Die jeweils nachlaufende Menge kann man einstellen. Dabei sollte man darauf achten, dass die ringförmige Trogrinne möglichst nur jeweils zu zwei Dritteln gefüllt ist, damit die Tiere nicht zu viel Futter mit dem Schnabel herausschleudern können.

Hühner trinken gern aus offenen Gefäßen, diese muss man aber häufiger reinigen.

Die Tränke wird in der gleichen Weise an der Decke befestigt und analog zum Futterautomaten so hoch über dem Stallboden schwebend aufgehängt oder fest installiert, dass die Hühner noch bequem trinken können. Die Tränkerinne sollte täglich ausgespült oder ausgeschwenkt werden, weil sich doch immer Staub oder Einstreureste durch das Scharren der Tiere im Wasser wiederfinden. Im Fachhandel finden wir noch weitere Trog- und Tränkeformen. Mit einiger Fantasie und Geschick können wir auch selbst geeignete Behältnisse bauen.

Für das Grünfutter ist im Übrigen ein extra Grünfutterbehälter in Form eines hängenden Korbes oder einer an der Stallwand befestigten Raufe von Vorteil, weil das Grünzeug auf diese Weise nicht verschmutzt oder zertreten werden kann und dies dem Spieltrieb entgegenkommt. Futter-, Tränkeautomat und Grünfutterbehälter können sowohl über der Kotgrube als auch über dem Scharrraum angebracht sein. Im Grunde ist der Scharrraum der bessere Ort, weil aus dem Trog geschleudertes Futter dort noch vom Boden aufgenommen werden kann. In jedem Fall ist das Aufstellen oder Aufhängen der Gefäße im Stall besser als im Auslauf: Zum einen macht es den Hühnern ihren Stall noch sympathischer, und sie werden ihn stets gerne aufsuchen; zum anderen sind Futter und Wasser auf diese Weise vor „Mitessern“ (und deren Verunreinigungen) wie Wildvögeln, Mäusen und Ratten besser geschützt.

Auch an Extragefäße für Grit und Muschelkalk sollte man denken. Hier genügen einfache, leicht erhöht aufgehängte Schälchen.

TIPP

Einen weiteren Vorteil bietet uns dieses pflegeleichte Vorratssystem aus Futter- und Tränkeautomaten in der Urlaubszeit. Wir werden leicht jemanden zur Betreuung unserer Tiere finden, da die Handgriffe nur ein paar Minuten täglich in Anspruch nehmen.

FRAGEN UND ANTWORTEN ZUR BÜROKRATIE

Muss ich meine Hühnerhaltung genehmigen lassen?

Die Gesetzeslage ist hier von Bundesland zu Bundesland unterschiedlich. Generell gilt, dass in allgemeinen Wohngebieten eine große Hühnerhaltung nicht erlaubt ist. Eine kleine Hobbyhühnerhaltung ist jedoch in den meisten Fällen unproblematisch. Sicherheitshalber sollte man sich mit der Kommunalbehörde in Verbindung setzen.

Muss ich meine Hühnerhaltung bei der örtlichen Veterinärbehörde anmelden?

Eine Anmeldung ist Pflicht, damit die Behörde beim Auftreten von Seuchen (zum Beispiel Vogelgrippe) schnell und zielgenau reagieren kann. Darüber hinaus müssen wir der Veterinärbehörde beziehungsweise der Tierseuchenkasse regelmäßig unsere aktuellen Tierzahlen mitteilen. Am besten fragen wir unseren Tierarzt oder das Veterinäramt direkt, was im Einzelnen zu tun ist. Das betrifft auch notwendige Impfungen, etwa gegen Newcastle-Krankheit (ND, Seite 176).

Muss ich meine Nachbarn um Erlaubnis fragen, wenn ich Hühner halten will?

Nein, das muss man nicht. Doch empfiehlt es sich, vorher mit den direkten Nachbarn zu sprechen, um eine positive Grundeinstellung zu dem Projekt zu erreichen.

Brauche ich eine Versicherung?

Eine Versicherungspflicht besteht nicht. Es empfiehlt sich jedoch, bei der privaten Haftpflichtversicherung nachzufragen, ob durch die Hühner verursachte Schäden beitragsfrei mitversichert sind.

Brüten: Nachwuchs auf dem Hühnerhof

Viele Hühnerhalter träumen davon, einmal Küken ausbrüten zu lassen. Das ist allzu verständlich, denn es ist eine reine Freude, das Werden und Wachsen der kleinen Hühnervögel von Anfang an mitzuerleben; und auch aus wirtschaftlichen Gründen ist das eine Überlegung wert. Man muss sich aber im Klaren sein, dass das Geschlechterverhältnis der schlüpfenden Küken statistisch gesehen bei halb Hennen, halb Hähnen liegt. Mit etwas Pech schlüpfen aber auch mal mehr Hähne als Hennen. Da man in der Regel nur einen Hahn in einer kleinen Herde halten kann, sollte man sich im Vorhinein überlegen, was mit den überzähligen Tieren geschieht. Da fast jeder Hühnerhof diesen „Hähneüberschuss" hat, wird es sehr schwierig, für die männlichen Tiere ein neues Zuhause zu finden. Man sollte sich in diesem Fall sehr früh mit der Option des Schlachtens auseinandersetzen.

VORAUSSETZUNGEN FÜRS BRÜTEN

ES IST SCHON VERRÜCKT, dass ein alltägliches, günstiges und scheinbar banales Massenprodukt unserer Tage, das zweihundertfach im Jahr in unsere Mägen wandert, neues Leben hervorbringen kann. Kaum jemandem ist bewusst, dass aus unserem Frühstücksei – Befruchtung vorausgesetzt – ein Küken hätte schlüpfen können.

Alles, was man für gefiederten Nachwuchs braucht, ist ein befruchtetes Ei, ein Brutplatz, die richtige Temperatur, Luftfeuchtigkeit, Sauerstoffzufuhr und etwas Geschick, gepaart mit ein wenig Geduld – wobei sich die letzten fünf Punkte problemlos durch eine Glucke ersetzen lassen. Woran man eine Glucke, also eine brutwillige Henne erkennt, beschreiben wir auf Seite 140. Bei der Bruttechnik unterscheiden wir zwischen natürlicher Brut, das heißt das Ausbrüten durch eine brutwillige Henne, und künstlicher Brut mithilfe eines Brutapparates. Beide Techniken sind für kleinere Bestände möglich und geeignet. Dabei erfordert die natürliche Brut jedoch mehr Fingerspitzengefühl und Geduld, da hier der Erfolg auch wesentlich von der Glucke und den sie beeinflussenden Umweltfaktoren abhängt. Legt der Hühnerhalter größeren Wert auf Sicherheit und Wirtschaftlichkeit, so ist eher die künstliche Brutmethode zu empfehlen (Ausführlicheres dazu auf den Seiten 143ff.).

Wesentlich für den Erfolg der Brut ist ein äußerlich wie innerlich einwandfreies Ei. Wichtig ist natürlich auch, insbesondere wenn wir züchten wollen, dass in einer größeren Herde genügend Hähne vorhanden sind, damit alle Eier befruchtet werden. Als Faustzahl rechnet man bei schweren Rassen einen Hahn für zehn Hennen beziehungsweise für bis zu 15 Hennen bei leichteren Rassen. Für uns als Halter von nur wenigen Tieren ist diese Frage allerdings nicht so wichtig. Für unsere Herdengröße ist in der Regel ein Hahn völlig ausreichend.

Weitere Faktoren, die für Hahn und Henne mit Blick auf die Qualität des Bruteies wichtig sind, sind die Qualität von Futter und Wasser, ein ausgewogenes Stallklima und optimale Lichtverhältnisse – sprich gesunde Elterntiere. Und schließlich ist das sachgemäße Sammeln, das Auswählen und Lagern der für die Brut vorgesehenen Eier von entscheidender Bedeutung.

Ob hier wohl grade Küken „entstehen"?

EINE HENNE ZUM BRÜTEN ANREGEN

Es ist sehr schwierig, eine Henne gezielt dazu zu bringen, das Brutgeschäft aufzunehmen. Allerdings kann man durch eine gute Fütterung und ideale Haltungsbedingungen den Bruttrieb positiv beeinflussen. Nicht zuletzt ist auch die Auswahl einer Rasse, die für einen starken Bruttrieb bekannt ist, ein wichtiger Aspekt für den gewünschten Erfolg. Am ehesten sind zuverlässige Brüterinnen bei den mittelschweren Rassen zu finden: zum Beispiel Barnefelder, Sundheimer, Sussex und rebhuhnfarbige Wyandotten. Natürlich finden sich bei den leichten Rassen und vor allem den Zwergrassen ebenso fleißige Brüterinnen. Die kleinen Seidenhühner hatten wir ja bereits als Besonderheit auf Seite 32 erwähnt.

BRUTEIER AUSWÄHLEN UND LAGERN

Ein Brutei ist im Grunde nichts weiter als ein befruchtetes Ei. Haben wir einen Hahn bei unseren Hennen, kommt also zunächst einmal jedes Ei infrage. Welches Ei soll also nun zum Ausbrüten bestimmt und somit zum Brutei erklärt werden und welches kommt ins Omelett? Ein erfolgversprechendes Brutei sollte bei einer mittelschweren Rasse etwa 50 bis 60 g schwer,

Eine Schierlampe ist unentbehrlich bei der Kontrolle von Bruteiern.

EINIGE ZAHLEN ZUR BRUT

Generell

Lagerdauer der Bruteier	maximal 14 Tage
Lagertemperatur	12–14 °C
Schlupfgewicht der Küken (je nach Rasse)	30–45 g
Geschlechterverhältnis der Küken	50:50

Natürliche Brut

Hauptbrutzeit	April–Juni
Brutnestgröße	45 × 45 cm
Eizahl pro Glucke (je nach Rasse)	6–15
Brutdauer	21 Tage

Künstliche Brut

Bruttemperatur	1. – 17. Tag	37,8–38 °C
	18. – 21. Tag	37,5 °C
Luftfeuchtigkeit	1. – 19. Tag	55–60 %
	20. – 21. Tag	70–90 %
Wenden	3. – 17. Tag (an den beiden ersten Tagen nicht wenden)	zwei- bis dreimal täglich
Schieren	am 7. und 17. Tag	

sauber, absolut unbeschädigt und nicht älter als 14 Tage sein. Gelagert wird es am besten auf Holz- oder Metalltabletts, sogenannten Horden, bei 12 bis 14 °C und einer relativen Luftfeuchtigkeit von 75 % in einem gut belüfteten, aber zugfreien Raum. Für unseren kleinen Hühnerbestand reichen natürlich auch die üblichen Eierkartons als Sammelbehälter.

Sollten wir einmal in die Verlegenheit kommen, für einen günstigen Bruttermin nicht genügend „brutfrische" Eier zur Hand zu haben, kann man geeignete Eier, die älter als 14 Tage sind, auch auffrischen, indem man sie in einen Topf mit 36 bis 38 °C warmem Wasser legt. Der Topf sollte so isoliert sein, dass er die Temperatur von höchstens 38 °C bis zu drei Stunden ungefähr konstant hält. Innerhalb dieser Zeit nehmen die Eier wieder einen Teil der altersbedingt verdunsteten Feuchtigkeit auf und werden so wieder brutfähig. Diese Methode kann jedoch nur ein Hilfsmittel sein, das im Übrigen auch nur bei der natürlichen Brut mit Glucke Erfolg haben kann. Aus aufgefrischten Eiern schlüpfen im Brutapparat in den meisten Fällen keine Küken mehr.

Vor dem Einlegen in den Brutapparat beziehungsweise vor dem Unterlegen der Eier unter die Glucke sollte man sie mithilfe einer Schierlampe (aus dem Landhandel) auf feine Haarrisse in der Eierschale, Blutflecken im Ei und vor allem auf die richtige Lage der Luftblase (am stumpfen Pol) untersuchen. Alle drei Merkmale sind wesentlich für den Bruterfolg und ohne Schierlampe nicht sichtbar.

UNERWÜNSCHTES GLUCKEN

So schwierig es heutzutage auch oft ist, geeignete Tiere für die natürliche Brut zu finden, kann es doch auch im Gegenteil geschehen, dass wir bei günstiger Witterung zu viele brutlustige Damen im Stall haben. Das bedeutet für uns weniger Eier und viel Unruhe in der Herde. Der Mensch hat leider allerlei Methoden ersonnen, das Brütigwerden zu verhindern, die oft nur mit Tierquälerei bezeichnet werden können.

Nachahmenswert und Erfolg versprechend scheint uns lediglich der Entwöhnungskäfig. Hier wird die Henne einige Tage in einen Käfig gesetzt, den man in der Nähe der Hühnerherde platziert. Durch das Einsperren, aber auch dadurch, dass die anderen Hühner häufig Henne und Käfig beäugen, kommt die brutlustige Henne vor Aufregung bald auf andere Gedanken.

HINTERGRÜNDE:

GEDANKEN ZUR ZUCHT

WER EIGENEN NACHWUCHS aufziehen möchte, sollte sich Gedanken machen, welche Tiere er für die Zucht heranzieht und welche nicht. Eine entsprechende Vorauswahl sollten wir sinnvollerweise bereits mit der Entscheidung treffen, welche Eier von welcher Henne wir zur Brut verwenden – und das dürfte für den Hobbyhühnerhalter ohne übermäßigen Ehrgeiz im Hinblick auf die Leistungsfähigkeit seiner Herde auch völlig ausreichen. Vielleicht kommt der eine oder andere aber auf den Geschmack und möchte etwas tiefer in die Materie einsteigen und seine Zuchten planen – vielleicht, weil er die Legeleistung seiner Herde gezielt verbessern möchte oder aber, weil er die Freude an der Rassegeflügelzucht für sich entdeckt hat. Letzterer züchtet dann nicht nur auf Leistung, also Eier- oder Fleischertrag, sondern vor allem auf das für eine bestimmte Rasse exakt im sogenannten Rassestandard definierte Aussehen. Dieses wiederum umfasst eine Fülle von Merkmalen wie Körperform, Gefiederbeschaffenheit, Färbung und anderes mehr.

Die Mendelschen Vererbungsregeln

Alle äußeren Merkmale wie auch die Leistungsmerkmale (Legeleistung, Eigröße, Fruchtbarkeit, Vitalität, Futterverwertung und andere) sind genetisch, das heißt in den Erbanlagen festgelegt und werden bei der Befruchtung aus den Merkmalen der Elterntiere für die Nachkommen wieder neu kombiniert. Wie nun diese Kombination der Erbanlagen erfolgt, ob sich manche Merkmale gegenseitig aufheben oder im Gegenteil verstärkt hervortreten, erfolgt im Rahmen der von Gregor Mendel (1822–1884) entdeckten Erbgesetze nach einem genau festgesetzten Schema.

Mendel kreuzte in einem Beispiel reinerbig rotblühende Pflanzen mit reinerbig weißblühenden Pflanzen, wobei keine der beiden Farben dominant war. Als Ergebnis bekam er nach dem sogenannten Uniformitätsgesetz rosablühende Pflanzen. Diese nennt man die F1-Generation. Kreuzte er diese wiederum untereinander, so erhielt er als F2-Generation rotblühende, rosablühende und weißblühende Pflanzen im Verhältnis 1:2:1 (Spaltungsgesetz). Eine Kreuzung reinerbig rotblühender Pflanzen miteinander ergab jedoch stets wieder rotblühende ohne irgendwelche Aufspaltungen; das Gleiche galt für die weißblühenden.

Die hier kurz geschilderten Grundgesetzmäßigkeiten der Vererbung beziehen sich bei den Versuchen von Gregor Mendel lediglich auf ein einziges augenfälliges Merkmal, nämlich die Farbe der Blütenblätter. Bei der Züchtung von Hühnern haben wir wie bereits zuvor erwähnt eine ganze Reihe von beeinflussbaren Merkmalen, die auch über das äußere Erscheinungsbild hinausgehen. Wir denken da insbesondere an die Lege- und Fleischleistung, aber auch zum Beispiel der Hang zum Federpicken oder das Temperament beziehungsweise der Charakter unserer Hühner lässt sich tatsächlich züchterisch beeinflussen. Letzteres ist mit Blick auf die Verträglichkeit unserer Tiere untereinander ein interessanter Aspekt.

Die hier genannten einfachen Grundregeln sind lediglich ein kleiner Teil der Vererbungslehre und können nur einen ersten Einblick in die komplizierte Welt der Zuchtmethodik geben.

Inzucht erlaubt

Im Gegensatz zur menschlichen Gesellschaft ist die sogenannte Inzucht, also die Verpaarung naher Verwandter, kein moralisches Hindernis, sondern ein probates und sehr erfolgreiches Mittel der Züchtung, um schnell und sicher ans Ziel zu gelangen. Ja, sogar Inzestzucht in jeder Form ist erlaubt und höchst erfolgreich, will man eine Hühnerherde auf ein oder auch mehrere Merkmale konsequent durchzüchten. Reinerbigkeit, Inzucht und strenge Auslese sind die Garanten für den Zuchterfolg.

Zwerg-Cochin-Henne mit Küken.

Nur mit gesunden Tieren züchten

Auch der „Nichtzüchter" profitiert vom Wissen um die Vererbung der Merkmale. Beim Kauf der ersten Tiere ist es ratsam, sich von einem Fachmann begleiten zu lassen, um möglichst gesunde und frohwüchsige Tiere ohne körperliche Fehler zu erhalten. Bei der natürlichen Brut sollte man möglichst früh im Jahr brüten lassen, weil die daraus stammenden Tiere in der Regel vitaler sind und zudem noch im selben Jahr mit dem Legen beginnen. Wenn wir unsere Tiere darüber hinaus noch ein wenig beobachten, werden wir bald die Spitzentiere unserer kleinen Herde herausgefunden haben. Möglichst nur die Eier von diesen Tieren sollten wir zur Weiterzucht im Frühjahr verwenden und mit der Nachkommenschaft, sei es Henne oder Hahn, ähnlich verfahren. Besonderes Augenmerk sollten wir dabei der Auswahl des Hahnes schenken, denn er vererbt seine guten Eigenschaften schneller als eine Henne, da er mit seinem Samen die Merkmale gleich mehrfach unverändert weitergeben kann. So können wir ganz individuell, je nach persönlichem Geschmack und Ehrgeiz, unsere Herde züchterisch beeinflussen und formen. Wir können aber auch den Dingen ihren Lauf lassen und uns einfach an dem erfreuen, was der Zufall uns bringt. Es werden in jedem Fall Hühner sein. ■

GUT ZU WISSEN

Bei fortwährender Inzucht ist zu befürchten, dass andere Merkmale wie die Vitalität oder die Fruchtbarkeit negativ beeinflusst werden. An diesem Punkt sollte man anhalten und hochwertiges fremdes Blut einkreuzen; denn was nützt uns das schönste Huhn, wenn es sich nicht fortpflanzen kann.

DIE NATÜRLICHE BRUT

Die natürliche Brut durch eine Glucke, also eine brutwillige Henne, ist für den begeisterten Halter einer kleinen Hühnerherde viel reizvoller als das Ausbrüten der Eier im Brutapparat (Seite 143). Wem geht beim Anblick einer Glucke mit ihren winzigen Federbällchen nicht das Herz auf? Heute gibt es nur noch wenige Menschen, die das so hautnah erleben dürfen. Gerade für Kinder ist das ein Erlebnis, das sie lange nicht vergessen werden.

DIE GLUCKE

Zunächst stellt sich die Frage, wie bekommen wir eine Glucke oder wie erkennen wir, ob eine unserer Hennen gluckt, sprich in Brutlaune ist. Bei vielen Zwerg- und alten Landrassen werden wir weniger Schwierigkeiten haben, fündig zu werden. Bei den modernen Wirtschaftsrassen wurde der Bruttrieb weitgehend weggezüchtet, um die Eierproduktion nicht zu unterbrechen – denn Glucken legen keine Eier. Daher werden wir bei der Haltung einer solchen Rasse oft vergeblich auf eine Glucke warten. In diesen Fällen können Hennen anderer Rassen das Ausbrüten übernehmen (mehr dazu auf den Seiten 32 und 33).

Werden die Tage im Frühjahr wärmer und länger, haben wir frisches Grünfutter und andere Leckerbissen in Hülle und Fülle zur Verfügung, werden wir beobachten können, dass sich eine der Hennen plötzlich auffällig benimmt und auch äußerlich verändert. Sie gibt glucksende Laute von sich, will mit den anderen Hennen nichts mehr zu tun haben und streift suchend umher, bekommt einen eingefallenen, weißlich gefärbten Kamm und stellt das Eierlegen ein. Auch dem Hahn geht sie aus dem Weg und bleibt, nähern wir uns ihrem Nest, auf demselben sitzen. Wenn wir sie trotz ihrer Drohungen oder gar heftigen Gegenwehr vorsichtig aus dem Nest nehmen, können wir an der Bauchseite gerötete Stellen auf trockener, fast federloser Haut entdecken, die bekannten Brutflecken. Jetzt wird unser Verdacht zur Gewissheit: Die Henne hat sich zum Brüten entschlossen. Geben wir jetzt nicht Acht, wird sie eines Tages vorübergehend verschwunden sein und in einem verlassenen Winkel brüten oder sich auf den Eiern ihrer Kolleginnen breitmachen.

Der Grund für ihr merkwürdiges Verhalten ist eine Veränderung ihres Hormonhaushaltes. Die genauen physiologischen Zusammenhänge jedoch sind bisher nicht bekannt. Früher vermutete man, dass es beim Brütig-

GUT ZU WISSEN

Brutflecken sind eine hormonell bedingte Rötung der Oberhaut im Brust- und Bauchbereich der Henne. Sie sind ein sicheres Anzeichen für das Brütigwerden und können leicht erkannt werden, wenn man die Henne auf den Rücken dreht und die Federn ein wenig zur Seite bläst.

werden im Bereich der Brust und des Bauches zu einer Erhöhung der Körpertemperatur komme, die der Henne offenbar unangenehm wird und die sie durch den Kontakt mit möglichst vielen kühlen Eiern zu lindern versucht. Gleicht sich im Laufe der Zeit die Eitemperatur an die Körpertemperatur an, würde sie die Eier mit dem Schnabel wenden, um deren kühlere Unterseite nach oben zu befördern. So sei das Geheimnis zu erklären, dass eine Glucke so ausdauernd auf einem Gelege sitzt und die Eier dabei regelmäßig wendet. Diese Erklärung mag für den Laien auf der Hand liegen und auch mit oberflächlichen Beobachtungen übereinstimmen, doch wissen wir heute, dass die Körpertemperatur auch bei der brütigen Henne weder insgesamt noch in Teilbereichen ansteigt. Wir wissen also – wie in vielen Fällen – mehr, aber sind auch gleichzeitig um eine reizvolle Erklärung ärmer.

BRUTDAUER IM VERGLEICH

Tauben	18 Tage
Hühner	21 Tage
Puten	27 Tage
Enten	27 Tage
Gänse	30 Tage

DAS NEST

In einer möglichst zugfreien halbdunklen Ecke des Stalles, etwas abgeschirmt von dem übrigen Hühnervolk, bauen wir der gluckenden Henne ein Nest. Wir können eigens eine Nistkiste zimmern, die wir weich auspolstern. Eine einfachere Möglichkeit besteht darin, der gluckenden Henne ein Nest auf dem Boden zu bereiten. Dazu stechen wir eine entsprechend große

Hat es genug Nester zur Verfügung, darf die Henne auch im ausgewählten Nest brüten.

Grassode aus dem Garten aus und legen sie mit den Wurzeln nach oben auf den Boden des Hühnerstalles, darüber decken wir Heu oder Stroh als Nistmaterial. Um zu verhindern, dass das Nest verrutscht oder breitgetreten wird, umgibt man die Grasnarbenplatte ringsum mit Ziegelsteinen.

DAS BRÜTEN

Zunächst ist es ratsam, die Glucke vor dem Brüten gegen Parasiten, vor allem die verbreitete Rote Vogelmilbe, zu behandeln. Wenn diese Plagegeister die brütende Henne nicht belästigen können, wird sie viel ruhiger auf ihren Eiern sitzen. Auch die frisch geschlüpften Küken werden es uns danken, wenn sie nicht gleich vom ersten Lebenstag an gepiesackt werden.

Um die Glucke an das Nest zu gewöhnen, legen wir am besten zu Anfang einige Porzellan- oder Kunststoffeier, sogenannte Nesteier, ins Nest. Gleichzeitig kümmern wir uns um geeignete Bruteier. Für die Suche können wir uns ruhig Zeit lassen, denn es wird einige Tage dauern, bis die Glucke das Nest angenommen hat und fest sitzt beim Brüten. Sollte die Glucke zwischenzeitlich – in der Regel täglich zur gleichen Zeit – das Nest für ein paar Minuten verlassen, braucht uns das allerdings nicht zu beunruhigen. Auf der einen Seite tut es den Eiern gut, kurzzeitig ein wenig abzukühlen und von Frischluft umspült zu werden, auf der anderen Seite muss natürlich auch die Glucke während ihres anstrengenden Brutgeschäftes fressen und trinken – und koten. Am besten stellt man ihr in der Nähe des Nestes eine gesonderte Ration zur beliebigen Aufnahme bereit. Weichfutter und Grünzeug sollte man allerdings wegen der Gefahr des raschen Verderbs und damit verbundener möglicher Durchfallerkrankungen vermeiden. Auch der Zugang zu einem Staubbad sollte nicht fehlen.

Manche Glucken nehmen ihre Aufgabe so ernst, dass sie von sich aus gar nicht aufstehen, nicht fressen und ins Nest koten würden. Der Halter sollte diese Kandidatinnen deshalb einmal am Tag heraussetzen, damit sie diese wichtigen Vorrichtungen vornehmen können.

Ansonsten können wir die folgenden 21 Tage alles Weitere getrost der Glucke überlassen.

TIPP

Haben wir eine mittelschwere Henne vor uns, können wir ihr zwölf bis 15 sorgsam gelagerte Bruteier unterschieben. Besitzen wir keine eigenen Bruteier oder möchten wir Eier von bestimmten Rassen, können wir uns als erste Adresse an die Geflügelzuchtvereine wenden. Auch im Internet werden Bruteier angeboten.

DIE KÜNSTLICHE BRUT

Zum Brüten ist nicht unbedingt eine Glucke notwendig. Zur sogenannten künstlichen Brut benötigen wir einen Brutapparat, wobei das Wort „künstlich“ nicht wertend gemeint ist, sondern lediglich verdeutlichen soll, dass ein technisches Gerät das sonst von der Glucke erzeugte Brutklima nachahmt. Theoretisch kann man seine Eier auch einer in der Nähe befindlichen gewerblichen Brüterei anvertrauen – das kommt aber sicher nur infrage, wenn wir uns eine größere Anzahl von Küken wünschen.

Künstliche Bruttechniken sind übrigens keine neumodischen Erfindungen. Schon vor Hunderten von Jahren wurden sie in manchen Kulturvölkern mit Erfolg angewendet – dies belegen Zeugnisse aus dem alten China und Ägypten. Im europäischen Kulturkreis kennen wir die künstliche Brut ebenso seit bereits etwa 200 Jahren. Bei diesen alten Techniken wurden zum Beispiel Holzfeuer, Heißwassersysteme, Pferdemist und andere Wärmequellen benutzt. Diese Methoden waren naturgemäß noch sehr unzuverlässig, doch als ergänzende Maßnahmen zur natürlichen Brut hoch willkommen. Sie leiteten die Anfänge einer gewerblichen Hühnerproduktion ein. Erst der elektrische Strom versetzte den Menschen in die Lage, ein wenig arbeitsaufwendiges und leicht steuerbares Gerät zu entwickeln, das einen hohen Bruterfolg garantiert. Damit war die Grundlage für die Massenvermehrung und Massenaufzucht des Huhns geschaffen.

DER BRUTAPPARAT

Auch für den Halter einer kleinen Hühnerschar gibt es heute handliche Brutapparate zu erschwinglichen Preisen. Geschickte Zeitgenossen können sich einen solchen Apparat sogar selbst bauen. Er besteht bei einfacher, aber ausreichender Ausführung aus dem Gehäuse mit Sichtfenster, einem Metallgitter als Boden, das durch elektrischen Strom erwärmt und mittels Regler auf der entsprechenden Temperatur gehalten wird, und einem Wärme- und Luftfeuchtigkeitsmesser sowie einer Vorrichtung, die die Zufuhr von genügend Sauerstoff gewährleistet.

Je nach Größe und Bauart ist die Kapazität dieser Kleinbrüter unterschiedlich ausgelegt. In der Regel ist man jedoch gut beraten, die angegebene Kapazität nicht ganz auszuschöpfen. Haben wir die gewünschte Zahl an Bruteiern beisammen, werden sie gleichzeitig eingelegt. Man sollte unbedingt den Eingabetag notieren, um die Temperatur entsprechend dem

Brutapparat.

Blutspinne.

Brutfortschritt regeln zu können (mehr dazu in der Tabelle auf Seite 136). Und letztlich müssen wir auch wissen, wann der 21. Tag, sprich der Tag des Schlupfes ist.

DIE EIER SCHIEREN

Während der insgesamt 21 Tage dauernden Brutaktion sollten die Eier am siebenten Bruttag erstmals durchleuchtet, in der Fachsprache „geschiert" werden. Dazu verwenden wir die Schierlampe, die wir schon beim Durchleuchten der zur Brut auserwählten Eier benutzt haben (Seite 136). Befruchtete Eier erkennt man in diesem Stadium an der sogenannten Blutspinne, also dem Ausbilden der Blutgefäße. Eier, die keine Veränderung gegenüber dem Tag des Einlegens in den Brutapparat zeigen, also beim Durchleuchten klar erscheinen, können aussortiert werden, da sie entweder nicht befruchtet oder abgestorben sind. Aber abgestorbene Eier sind in diesem Stadium vom Laien nicht sehr leicht zu identifizieren. Daher ist es für den Anfänger ratsam, diese sicherheitshalber erst zu einem späteren Zeitpunkt zu entfernen. Die zweite Schieraktion unternimmt man am günstigsten am 17. Tag, gleichzeitig ist die Temperatur etwas zurückzunehmen und die relative Luftfeuchte zu steigern.

DAS WENDEN

Bei großen gewerblichen Brutautomaten erfolgt neben der Regulierung der Temperatur, Luftfeuchtigkeit und Sauerstoffzufuhr auch das Wenden automatisch. In kleinen Brutapparaten müssen wir diesen Service von Hand übernehmen.

Bis zu dreimal täglich wenden ist ausreichend. In jedem Fall sollten wir hier behutsam mit dem werdenden, zarten Leben umgehen und die Eier jeweils vorsichtig um ein Drittel bis ein Viertel der Längsachse drehen, damit der Embryo nicht an der Schale festklebt. Dafür ist es ratsam, die Eier mit einem Bleistift entsprechend zu kennzeichnen, damit wir immer wissen, an welcher Stelle wir mit dem Wenden begonnen haben. Die kritischsten Phasen liegen zwischen dem dritten und fünften Tag, in denen das Atmungssystem ausgebildet und der Stoffwechsel auf die komplizierte Verarbeitung von Eiweiß und Fett umgestellt wird, sowie zwischen dem 18. und 20. Bruttag, wo der Übergang der Atmung auf die Lunge erfolgt. Von diesem Zeitpunkt an produziert das Küken erheblich mehr Eigenwärme. Um es vor Überhitzung und den daraus entstehenden Folgen zu schützen, müssen wir die Temperatur um etwa 1 °C drosseln.

Wenden.

VOM EMBRYO ZUM KÜKEN

DIE ZELLTEILUNG beginnt bereits unmittelbar nach der Befruchtung noch während des Aufenthalts des Hühnereies im Eileiter der Henne, also schon lange vor Beginn der Brut; allerdings nur bis zum Stadium von etwa 250 Zellen, dann wird der Zellteilungsprozess unterbrochen und erst wieder durch das Brutklima angeregt.

Würden wir die Bruteier täglich untersuchen, könnten wir die Entwicklung des Embryos genau verfolgen: Aus der zunächst einfachen Zelllage werden mehrschichtige Gebilde, die sich wiederum bald in verschiedene Zellformationen differenzieren. All das vollzieht sich vor unseren Augen in einer engen, von einer Kalkkapsel umschlossenen Hülle in ganzen 21 Tagen.

Am 16. und 17. Tag durchbricht der Embryo den geschlossenen Kreislauf im Ei. Dann schiebt sich der Schnabel in die Luftblase, und das Küken beginnt über seine Lungen zu atmen. Damit ist ein wichtiger Entwicklungsabschnitt beendet.

DAS KÜKEN SCHLÜPFT

TIPP

Die Grundregel für eine leistungsorientierte Weiterentwicklung der Hühnerherde besteht darin, immer nur Eier der besten Legehennen auszubrüten und vor allem an einem guten Hahn nicht zu sparen.

In der Normallage ist das kleine Wesen mit dem Oberkörper zur Luftblase hin ausgerichtet, wobei die Füße eng am Körper anliegend ebenfalls in Richtung Luftblase zeigen, während der Kopf zunächst unter dem rechten Flügel steckt. Wenn der Schlupfvorgang einsetzt, zieht das Küken seinen Kopf unter dem Flügel hervor und beginnt mit einem auf seinem Schnabel befindlichen Hornhöcker, dem sogenannten Eizahn, die Eischale von innen aufzubrechen. Gleichzeitig stemmt es in entgegengesetzter Richtung seine kräftigen Beine nach vorn und unten und liefert damit seiner „Kopfarbeit" den gehörigen Nachdruck. Zwischendurch wird es Pausen machen, um sich von der Anstrengung zu erholen.

Hat das Küken schließlich den Kampf gewonnen und sich frei gestrampelt, sieht es anfangs noch verklebt und recht unproportioniert aus. Doch in kurzer Zeit wird es schon recht sicher auf seinen kräftigen Beinchen stehen und, sobald es trocken geworden ist, das Aussehen eines kleinen Federbällchens annehmen, was Erwachsene und vor allem Kinder so sehr entzückt. Schon bald wird es unter Anleitung seiner Mutter mit seinen Geschwistern auf Entdeckungsreise gehen.

Nicht immer geht es so glatt ab. Manche Küken schaffen den letzten Schritt zum Licht nicht und bleiben im Ei stecken, sind missgebildet oder

Schlüpfen ist Schwerstarbeit.

WENN KEINE GESUNDEN KÜKEN IM BRUTAPPARAT SCHLÜPFEN

Symptom	Mögliche Gründe
Eier ohne Entwicklungsanzeichen	mangelnde Spermaqualität, zu alte Hähne, schlechte Verfassung der Hühnerherde, zu alte Bruteier, Bruteier bei zu geringen Temperaturen gelagert (gilt auch für Naturbrut)
abgestorbene Eier beziehungsweise Embryonen nach dem ersten Schieren	vorgegebene Bruttemperatur nicht eingehalten (zu hoch oder zu niedrig), keine ausreichende Sauerstoffzufuhr, zu hohe Temperaturschwankungen (insbesondere Abkühlung), Fehler beim Wenden (zu wenig oder zu häufig)
angepickte Eier mit abgestorbenen Küken in der Schale	ungenügende Feuchtigkeit, zu niedrige Temperaturen oder kurze, starke Temperaturerhöhung
feuchte und verklebte Küken, an der Eischale klebend	wegen zu geringer Feuchtigkeit beim Schlupf ausgetrocknet
Küken feucht und mit Eiinhalt verklebt	bei zu niedriger Temperatur und zu hoher Luftfeuchtigkeit bebrütet
Küken mit Missbildungen	größtenteils erblich bedingt, aber auch Fehler beim Wenden der Eier oder bei der Bruttemperatur
abgestorbene Küken mit schlechtem Geruch	Nabelinfektion (auf mangelnde Hygiene im Brutapparat zurückzuführen)
kleine Küken	zu kleine Eier eingelegt (gilt auch für Naturbrut), Bruttemperatur zu hoch und zu wenig Luftfeuchtigkeit
große, weichliche Küken	Bruttemperatur zu niedrig, Luftfeuchtigkeit zu hoch bei mangelnder Ventilation
verfrühter Schlupf	zu hohe Bruttemperatur
verspäteter Schlupf	zu niedrige Bruttemperatur

FRAGEN UND ANTWORTEN ZUM BRÜTEN UND ZUM SCHLUPF

Sollte man Küken beim Schlüpfen helfen?

Küken, die aus eigener Kraft den Schlupf nicht schaffen, sind meist nicht lebensfähig. Gut gemeinte Hilfe kann gefährlich werden, da man beim Versuch, die Tiere zu befreien, leicht Blutgefäße verletzen kann.

Wann dürfen die frisch geschlüpften Küken aus dem Brutapparat genommen werden?

Erst, wenn die Küken sich vollkommen vom Schlupfstress erholt haben, ganz abgetrocknet sind und flauschig aussehen, dürfen sie vorsichtig aus dem Brutapparat gehoben werden. Allerdings müssen sie dann sofort unter eine wärmende Rotlichtlampe.

Müssen Küken sofort nach dem Schlupf gefüttert und getränkt werden?

Während der ersten ein bis zwei Lebenstage ist eine Fütterung nicht unbedingt erforderlich, da die Küken kurz vor dem Schlupf den Dotter durch den Nabel einziehen. Dieser sogenannte Dottersack versorgt das Küken zunächst mit den erforderlichen Nährstoffen. Trotzdem sollten wir ihnen sofort Futter anbieten, und vor allem frisches Wasser ist ein Muss!

Kann man einer Glucke fremde Küken untersetzen?

Ist der Schlupf nicht so gut ausgefallen wie erhofft, können der Glucke ein oder zwei Tage danach noch fremde, gleichaltrige Küken problemlos (am besten abends) untergesetzt werden.

haben eine so schwächliche Konstitution, dass sie die ersten Minuten und Stunden nicht überleben. Das kann viele Ursachen haben, die wir vor allem bei der künstlichen Brut günstig beeinflussen oder ganz ausschalten können. Einzelne Symptome und die entsprechenden Ursachen haben ihren Ursprung in der Zeit vor der Brut: zum Beispiel fehlerhafte Fütterung und Haltung der Elterntiere oder unsachgemäße Lagerung der Bruteier. Wichtig ist auch, der Glucke nicht zu viele Eier zum Ausbrüten unterzulegen – weniger ist hier mehr! Bei den Faktoren während der Brut selbst sind uns bei der natürlichen Brut die Hände gebunden; hier ist das Verhalten der Glucke entscheidend für den Bruterfolg. Über die Gestaltung der Umwelt können wir jedoch indirekt Einfluss auf die brütende Henne nehmen: Wir gönnen ihr möglichst viel Ruhe, halten die stallklimatischen Bedingungen weitgehend konstant und sorgen für ausreichend gutes Futter und frisches Wasser.

DIE AUFZUCHT

WIE BEIM BRÜTEN auch, kann man bei der Aufzucht zwischen natürlich und künstlich unterscheiden. Im Grunde gilt das Gleiche, was schon zur künstlichen oder natürlichen Brut gesagt wurde (Seiten 143 und 140). Beide Möglichkeiten können nebeneinander oder kombiniert betrieben werden. Ja, man kann sogar künstlich erbrütete Küken einer führenden Henne unterschieben und natürlich erbrütete Küken künstlich aufziehen, wenn zum Beispiel die Glucke von einem Marder geholt wurde.

Und keine Sorge, bei künstlicher Aufzucht erleiden die Küken weder Defizite noch sind sie von Glucken geführten Küken unterlegen. Während nämlich Menschenkinder, wie uns bekannt ist, bei fehlender Liebe und Zuwendung durch andere Menschen körperlich und seelisch verkümmern und sogar sterben, konnten diese schlimmen Folgen bei elternlosen Küken nicht beobachtet werden. Da die aus dem Ei geschlüpften Jungvögel als sogenannte Nestflüchter bereits sehr weit entwickelt sind, das heißt selbst Futter und Wasser suchen, sich rasch bewegen können und auch sonst viel selbstständiger sind als ein frisch geborenes Menschenkind, bedürfen sie offensichtlich nicht dieser intensiven körperlichen und seelischen Zuwendung. Künstlich aufgezogene Küken wachsen ebenso rasch wie ihre natürlich gezogenen Artgenossen und zeigen auch die gleichen Verhaltensmuster.

Die Sterblichkeitsrate ist bei fachgerechter Pflege sogar geringer als bei der natürlichen Aufzucht, vor allem, weil sie unter besser kontrollierbaren Bedingungen erfolgt. Wer jedoch bei seiner Hühnerhaltung keine ernsthaften wirtschaftlichen Interessen verfolgt, sollte sich das Erlebnis einer natürlichen Aufzucht der kleinen Hühnervögel nicht entgehen lassen.

DIE NATÜRLICHE AUFZUCHT

Sind bei der natürlichen Brut die ersten Küken geschlüpft, sollte man das Nest von den Eierschalen und eventuell verendeten Küken säubern. Ist abzusehen, dass vom ersten Küken bis zum Schlüpfen des letzten Tieres ein größerer Abstand sein wird, sollte man die Erstgeborenen an einen warmen Ort bringen, damit die Glucke in Ruhe die Nachzügler ausbrüten kann. Unter warmem Ort verstehen wir eine Temperatur von 32 °C bei einer relativen Luftfeuchtigkeit von 60 bis 70 %. Das ist etwa die Temperatur und das Klima, was die Glucke unter ihrem Gefieder erzeugen muss, um ihrer kleinen Schar eine gute Überlebenschance zu bieten.

Sind alle Küken geschlüpft, wird das Nest noch einmal gereinigt und die zuvor entfernten Küken werden der Glucke wieder zugesetzt.

Die Glucke mit ihren Küken bleibt anfangs getrennt von den anderen Hühnern in einem Auslauf, der mit Kükendraht gesichert ist.

EINIGE ZAHLEN ZUR KÜKENAUFZUCHT	
Raumbedarf	10–12 Küken pro Quadratmeter
Raumtemperatur	18–20 °C
Temperatur unter der Heizquelle	30–32 °C (1. Lebenswoche)
Luftfeuchtigkeit	60–70 %
Sterblichkeit	15–20 %

Der kükengerechte Stall

Der Stall soll hell, frei von Ungeziefer, trocken und zugfrei sein und etwa 18 bis 20 °C Raumtemperatur haben. Als Einstreu eignen sich am besten Sägemehl oder kurz geschnittenes Stroh. Das Sägemehl sollte nicht zu fein sein, sonst wird es von den unerfahrenen Küken leicht als Nahrung aufgenommen und erzeugt ein Sättigungsgefühl, ohne ihnen die lebensnotwendige Energie zu liefern.

Glucke und Küken sollten im Stall sowie im Freien die ersten Tage getrennt von den Alttieren gehalten werden: Zum einen wegen möglichem Parasitenbefall der Älteren, zum anderen müssen wir damit rechnen, dass die Küken von den alten Hühnern sowie vom Hahn attackiert werden. Eine gute Glucke wird sie zwar davor zu schützen versuchen, doch ist es sicher kein Fehler, etwa eine Woche zu warten, bis die Küken selbst so flink geworden sind, dass sie sich rasch zur Glucke flüchten können und sich Glucke und Küken ohne größere Probleme in das übrige Hühnervolk eingliedern.

Im Freilauf

Gern wird die Glucke mit ihren Küken im Freien umherlaufen und ihnen Nahrhaftes und Schmackhaftes aus dem reichen Angebot der Natur zeigen: Sämereien, Insekten, Würmer – alles wird den kleinen Hühnervögeln zunächst fremdartig, erschreckend und anziehend zugleich vorkommen. Und für uns ist es immer wieder ein herzerfrischender und bewegender Anblick, die ersten Erkundungsversuche der kleinen Hühnerschar zu beobachten.

Wie im Stall ist es auch im Freien ratsam, der Glucke mit ihren Jungen in der ersten Zeit ein von den übrigen Hühnern abgetrenntes Areal zuzuweisen, damit sie ihre ungeteilte Aufmerksamkeit der Kükenschar widmen kann. Dabei ist wichtig, dass der Bereich wegen einer möglichen Infektionsgefahr nicht vom Kot der älteren Artgenossen oder anderer Tiere verunreinigt ist. Bei einem nahezu unbegrenzt großen Auslauf ist diese Vorsichtsmaßnahme bei einer gut führenden Glucke nicht erforderlich, da sich das übrige Federvieh weit verstreut aufhält und mit anderen Dingen beschäftigt ist. Auch

TIPP

Vor Ablauf der ersten Lebenswoche sollte man Glucke und Küken jedoch nicht ins Freie lassen, ebenso nicht bei regnerischem und windigem Wetter. Die Küken sind noch zu empfindlich.

die Hygienefrage löst sich durch die wesentlich geringere Besatzdichte weitgehend von selbst.

Als Faustregel kann man sagen, dass die Außentemperatur etwa Stalltemperatur (18 °C) oder mehr haben sollte. Wir sollten aber vermeiden, die bunte Schar nach draußen zu lassen, bevor die Sonne den Tau im Gras getrocknet hat, da die zarten Daunen der Küken ansonsten schnell durchnässt werden und die Kleinen sich erkälten.

Ist damit zu rechnen, dass die Küken im Freien leicht eine Beute von Mardern oder Raubvögeln werden, ist der Bau eines mit Draht überdachten Auslaufs empfehlenswert – mit einer wetterfesten Behausung, in die sich die Tiere bei einem plötzlichen Wetterumschwung flüchten können. Der verdrahtete Teil sollte eine Grundfläche von etwa 2 × 2 m haben und etwa 50 cm hoch sein. Er sollte wie das Häuschen aus leichtem Baumaterial gefertigt und mit Tragegriffen versehen sein, damit man ihn leicht umsetzen kann. Auf stark dem Wind ausgesetzten Flächen ist es eine gute Idee, eine Seite des Drahtkäfigs mit einer Folie zu bespannen.

Futter und Wasser

Als Nahrung reichen wir den kleinen Küken vorgefertigtes speziell für Küken erhältliches Pressfutter (Pellets) oder Kükenmehl und klein gehacktes Grünzeug wie Brennnesseln, Löwenzahn und Gemüse; ferner Grassoden, von Chemikalien unbelastete Erde, fein gehackte, gekochte Eier, etwas feinen Muschelkalk und als besonderen Leckerbissen Ameisenpuppen, der im Garten lästigen Rasen- und Wegameise.

Ein Futterhäuschen für die Küken.

DURCHSCHNITTLICHER TÄGLICHER FUTTERBEDARF PRO TIER	
1.–4. Lebenswoche	10–30 g
4.–8. Lebenswoche	30–55 g
8.–12. Lebenswoche	55–75 g
12.–16. Lebenswoche	75–90 g
16.–20. Lebenswoche	90–100 g
ab 20. Lebenswoche	100–120 g

Dazu stellen wir frisches Trinkwasser in Stülptränken oder in einem Napf auf, in den wir in der Mitte einen Kiesel legen, damit die Tiere nicht ertrinken können. Das Futter bieten wir in den ersten Lebenstagen etwa fünf- bis sechsmal am Tag auf sogenannten Futterbrettchen oder in flachen Behältnissen an, die von den Küken ohne größere Anstrengungen erreicht werden können. Ganz besonders zu beachten ist, dass wir bei jeder Mahlzeit immer nur so viel füttern, wie die Kleinen in einigen Minuten verzehren können, denn verschimmelte Futterreste führen leicht zu Krankheiten und Todesfällen.

Will man für die Küken kein Fertigfutter verwenden, ist ein Gemisch aus fein geschrotetem Weizen und feinen Haferflocken mit den leckeren Zutaten, die eben erwähnt wurden, die Alternative. Dazu kann man von der zweiten Lebenswoche an etwas Magerquark füttern; doch sollte man hier darauf achten, dass das Futtergeschirr jeweils peinlich sauber ist, damit der Quark nicht säuert. Anderenfalls ist Durchfall, der nicht selten tödlich endet, zu erwarten. Die Glucke sollte möglichst gesondert gefüttert werden, damit sie nicht das ganze Kükenfutter verschlingt oder es verunreinigt.

DIE KÜNSTLICHE AUFZUCHT

Das wesentliche Element bei der künstlichen Aufzucht besteht darin, dass wir die Glucke durch einen anderen Wärmespender ersetzen. Denn die Wärme ist vor allem in den ersten Lebenswochen, wenn das schützende Federkleid noch nicht ausgebildet ist, der entscheidende Umweltfaktor für das Überleben der kleinen Hühnchen. Nasskalte Witterung und Zugluft führen unweigerlich zu Erkältungskrankheiten und meistens zum Tod.

Das kükengerechte Stallabteil

Zur Abgrenzung des für die Küken eigens reservierten Bereichs haben sich sogenannte Kükenringe bewährt. Hierbei handelt es sich im einfachsten Fall um Pappkartonbahnen, die zu einem Ring zusammengeklebt oder -geklammert werden und den Stallraum für die ersten Lebenswochen abgrenzen. Das ist zum einen notwendig, damit sich die Küken nicht verlaufen, und zum anderen sinnvoll, um die von der künstlichen Wärmequelle abgegebene Strahlung möglichst zu konzentrieren und damit effektiver zu nutzen. Eine Höhe von 30 bis 40 cm reicht völlig, der Durchmesser hängt natürlich von der Kükenzahl ab: Als Faustzahl für die Größe des Areals rechnet man etwa 15 Tiere je Quadratmeter. Wichtig bei der Abgrenzung des Raumes ist, dass dieses Areal keine Ecken hat, da Küken bei einer vermeintlichen Gefahr leicht in Panik geraten und zuhauf in eine Ecke flüchten. Dabei kann es geschehen, dass sie sich gegenseitig erdrücken.

Als Einstreu eignen sich am besten kurz geschnittenes Stroh, grobes Sägemehl, Hobelspäne oder eine Kombination daraus. Wichtig ist, dass die Einstreu trocken und sauber ist. Um die Tränkebecken und um die Futterbrettchen beziehungsweise Tröge herum sollte sie regelmäßig erneuert werden, um der Ausbreitung von Krankheitserregern und dem Verderb von Futterresten in der Einstreu vorzubeugen.

Geeignete Wärmequellen

Früher war die künstliche Aufzucht von Küken problematisch. Auf primitive Art und Weise versuchte man, das geeignete Aufzuchtklima herzustellen: Angefangen von Untergrundpackungen aus Pferdemist oder Heizsystemen, die mit einer Wärmflasche betrieben wurden, über sogenannte Grudekästen, Brikettheizungen oder andere mit festen Brennstoffen betriebene Öfen mit Schirmglucke bis hin zu Gasstrahlern wurde alles ausprobiert.

Heute ist alles sehr viel leichter: Die einfachste Handhabung und den größten Aufzuchterfolg bieten spezielle elektrisch betriebene Wärmestrahler aus dem Landhandel. Natürlich können wir uns dort oder im Geflügelzuchtverein beraten lassen. Wichtig ist, dass wir mit einem entsprechenden Gerät

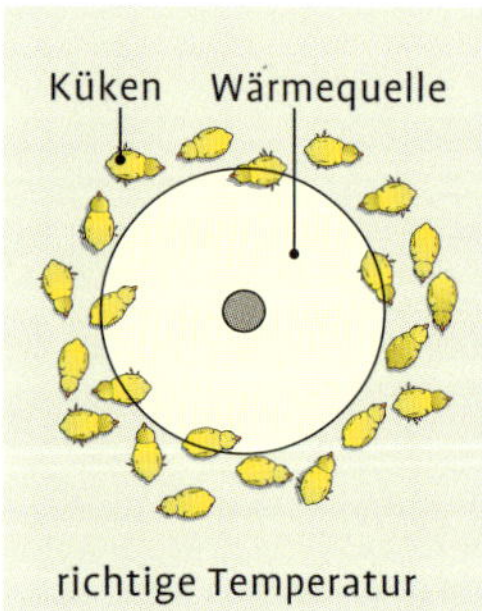

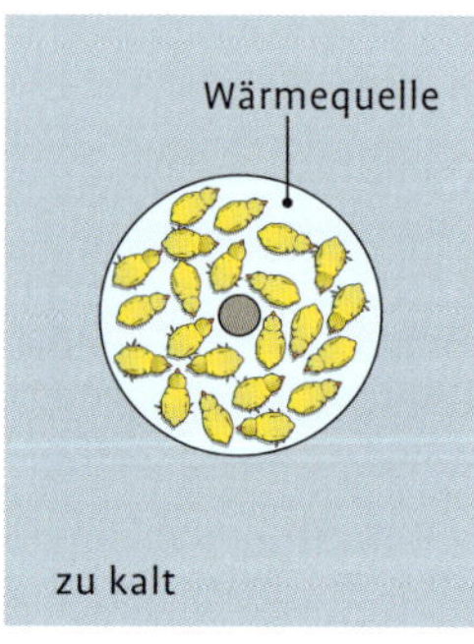

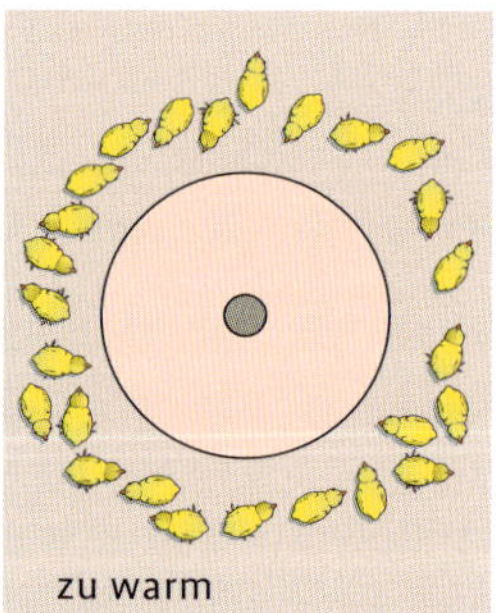

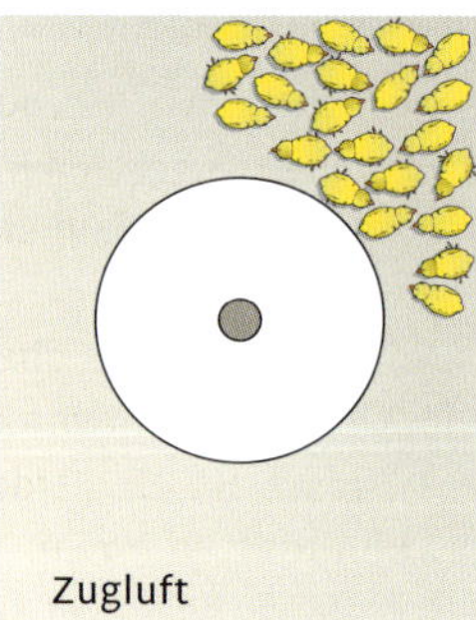

Die Küken unter der Wärmequelle zeigen mit ihrem Verhalten an, ob diese richtig eingestellt ist.

DIE RICHTIGE WÄRME

Alter der Küken	die erforderliche Temperatur etwa 4 cm über dem Boden gemessen
1. Lebenswoche	32 °C
2. Lebenswoche	30 °C
3. Lebenswoche	28 °C
4. Lebenswoche	25 °C
ab der 5. Lebenswoche	22 °C

für einen Bereich, der die gesamte Herde in einem lockeren Verband umfasst, eine konstante Temperatur von 32 °C bei einer Luftfeuchtigkeit von 60 bis 70 % für die erste Lebenswoche erhalten. Die Umgebungstemperatur im Stall sollte auf 18 bis 20 °C gehalten werden. In jeder weiteren Lebenswoche können wir die Temperatur des Heizgerätes nun um jeweils 2 °C zurücknehmen, bis wir die Stalltemperatur beziehungsweise eine entsprechende Außentemperatur erreicht haben.

Die Einhaltung der genannten Werte bereitet beim heutigen Stand der Technik theoretisch keine Probleme. Ob die gewünschte konkrete Temperatur nach den Angaben des Herstellers wirklich eingehalten wird, können wir am besten erkennen, wenn wir unsere Küken genau beobachten. Ist die Temperatur zu hoch, werden sie den Aufenthalt unter der „künstlichen Glucke" meiden und sich am Rand des Einwirkungsbereiches der Heizquelle aufhalten. Erhalten sie nur ungenügende Wärme, werden sie sich wie ein Klumpen unter der Wärmequelle zusammenballen. Ist ihnen die Temperatur behaglich, werden sie in einem lockeren Verband darunter verweilen und ab und zu kleine Ausflüge in die Randbereiche ihres Areals unternehmen.

Im Freilauf

Wenn irgend möglich, sollten wir auch die mutterlosen Küken bei schönem Wetter ins Freie lassen – allerdings frühestens ab dem achten Lebenstag. Licht und Luft fördern unbestritten das Wachstum und die Widerstandskraft der Kleinen.

Am besten ist ein direkter Zugang der Küken vom Stall in den Auslauf, möglichst getrennt von den erwachsenen Tieren, damit die Jungen nicht von ihnen traktiert werden und auch nicht mit den Exkrementen der Großen in Berührung kommen.

Als Bewuchs eignet sich eine gemähte Grasfläche mit einem möglichst beschatteten, geschützten, sandigen Plätzchen, wo sie nach Herzenslust scharren und spielen können. Die Umzäunung sollte zumindest im unteren

Ein mobiles oder festes Kükenheim muss seitlich und von oben Sicherheit für die Küken bieten.

Bereich des Zaunes aus engmaschigem Draht bestehen, damit die Küken den Auslauf nicht verlassen können, wo sie gern das Opfer von Katzen oder frei laufenden Hunden werden. Es empfiehlt sich aus demselben Grund, vor allem gegen mögliche Feinde aus der Luft, den Auslauf insgesamt zu überdrahten. Es genügen ein weitmaschiger Draht oder ein Kunststoffnetz.

Ist kein direkter Zugang vom Stall zum Auslauf möglich, sollte man sich ein mobiles Kükenheim bauen, das überall an sonnigen und futterergiebigen Plätzen aufgestellt werden kann. Diese Methode hat darüber hinaus den Vorteil, dass die hygienischen Verhältnisse im Auslauf durch den mehrfachen Wechsel der Grasfläche weitaus günstiger sind als bei der sogenannten Standweide am festen Hühnerhaus. Allerdings kostet es den Hühnerhalter mehr Mühe, nach seinen Tierchen zu schauen und sie entsprechend zu betreuen. Die Temperaturen im Freien sollten in etwa den dem Alter angemessenen Stalltemperaturen (Seite 155) entsprechen.

Futter und Wasser

Es gilt im Grunde das Gleiche wie für die natürliche Aufzucht (Seite 150). Hier soll noch einmal hervorgehoben werden, dass man unbedingt immer nur kleine Mengen in kurzen Abständen füttern darf, damit das Futter möglichst frisch und sauber bleibt. Denn nur allzu leicht kann der Erfolg der Aufzucht an verdorbenem Futter oder Wasser scheitern.

KRITISCHE LEBENSABSCHNITTE BEI DER AUFZUCHT

Die ersten Lebenswochen eines Kükens unterteilt man grob in drei verschiedene Perioden – dabei ist es unerheblich, ob die Tiere natürlich oder künstlich ausgebrütet wurden. Je nach Rasse können sich die Phasen bis zu einer Woche verschieben.

- **Flaumperiode:** 1.–3. Lebenswoche
- **Befiederungsperiode:** 3.–6. Lebenswoche
- **Wachstumsperiode:** 6.–8. Lebenswoche

Die ersten Federchen kommen …

In der Flaumperiode brauchen die kleinen Vögel vor allem Wärme und eine ausgewogene, insbesondere eiweißhaltige Fütterung (zum Beispiel Kükenmehl). Zum Ende der ersten Woche zeigt sich erfahrungsgemäß, welche Küken es nicht schaffen werden.

Die Befiederungsperiode ist ebenfalls noch von einem relativ hohen Wärmebedarf geprägt; doch zeigt sich hier zunehmend das Bedürfnis nach Bewegung, Licht und Luft. Eine gesunde Abhärtung in dieser Phase mindert das Risiko von späteren Krankheiten. Bei der Fütterung soll neben leicht verdaulicher, eiweißreicher Nahrung auf genügend phosphor- und kalkhaltige Futtermittel geachtet werden, um die Federbildung zu begünstigen.

In der Wachstumsperiode schließlich ist eine energiereiche ausgewogene Futtermischung wichtig. Auch hier gilt der Grundsatz: Was in der Jugend versäumt wurde, kann man im Alter nur schwer nachholen. Sparen ist hier jedenfalls fehl am Platz. Am sichersten ist es, für die Jungtiere ein fertiges Aufzuchtfutter im Fachhandel zu besorgen.

AUS KÜKEN WERDEN JUNGTIERE

Von der achten Woche an sprechen wir nicht mehr von Küken, sondern von der Junghenne beziehungsweise vom Junghahn. Das Gefieder ist nun weitgehend ausgebildet und vermag die Tiere im Großen und Ganzen vor Witterungseinflüssen zu schützen. Haben wir die Hühner künstlich aufgezogen, können wir die Heizgeräte jetzt abschalten. Doch Vorsicht, bei Temperatureinbrüchen lieber noch einmal heizen und den Übergang fließend gestalten!

Üblicherweise werden die Geschlechter – je nach Rasse etwas unterschiedlich – bereits in der vierten oder fünften Lebenswoche getrennt und in verschiedenen Herden aufgezogen.

GUT ZU WISSEN

Vom Eintagsküken über Junghenne und -hahn bis zur legereifen Henne können wir unseren Bestand stets durch Zukauf ergänzen.

Junghähne

Anders als in ländlichen Gebieten, wo Geräusche wie der Hahnenschrei zum Alltag gehören und selbstverständlich sind, sieht es in dicht besiedelten Wohngebieten und Städten aus. Hier macht man sich mit einem laut krähenden Hahn selten Freunde. Und man sollte unbedingt wissen, dass wirklich alle Hähne krähen und dass sie sich auch durch nichts davon abhalten lassen!

Kurz vor ihrer Geschlechtsreife, meist mit vier bis fünf Monaten, beginnen die jungen Hähne zu krähen. Mit etwas Übung wird schnell aus der lustig klingenden, piepsigen Stimme ein lauter und unüberhörbarer Schrei. Natürlich gibt es auch hier rassebedingte Unterschiede. Größere Rassen haben meist tiefere und kräftigere Stimmen, kleinere Rassen neigen zu schrilleren Stimmen. Gekräht wird übrigens nicht nur frühmorgens, sondern leider auch immer wieder während des ganzen Tages. Gründe dafür gibt es genug: etwa um das eigene Revier abzugrenzen, anderen Hähnen zu antworten oder die Chefposition in der eigenen Herde zu bekräftigen. Wissenschaftlich bewiesen wurde, dass die Neigung zum Krähen hormonell gesteuert wird. Deshalb sind sogar auch Hennen in der Lage zu krähen, was zum Glück aber nur relativ selten vorkommt.

GUT ZU WISSEN

Das Stimmorgan des Hahnes, die sogenannte Syrinx, befindet sich zwischen Luftröhre und Hauptbronchien und besteht aus einer straff gespannten Membran. Wird die Luft kräftig aus der Lunge herausgepresst, vibriert diese Membran und das bekannte Kikeriki ertönt.

Sind mehrere Hähne geschlüpft, muss auch spätestens jetzt, mit Beginn der Geschlechtsreife, entschieden werden, was mit den Junghähnen geschieht. Möglicherweise, wenn auch nicht sehr wahrscheinlich, konnte man den überzähligen Hähnen ein schönes Plätzchen woanders reservieren.

Ansonsten bleibt nur das Schlachten. Man sollte die Hähnchen energiereich, aber gesund füttern und ihnen viel Auslauf ermöglichen, sodass sie

Junghähne und Junghennen bei einem Züchter von Barnefeldern.

Diese beiden Jungtiere sind bereits beringt.

mit zehn bis zwölf Wochen oder später, wenn sie in der Regel in den Kochtopf wandern, ein gutes Gewicht auf die Waage bringen. In jedem Fall ist das Fleisch unserer auf diese tiergerechte Weise aufgezogenen Hähnchen nicht mit den Discounthähnchen im Supermarkt vergleichbar, die in fünf bis sechs Wochen schlachtreif gemästet werden. Unsere Tiere haben ein höheres Gewicht, sind fester im Fleisch und kräftiger im Geschmack.

Junghennen

Auch für die weiblichen Tiere, auf die sich wegen ihrer längeren Nutzung unser Augenmerk naturgemäß stärker richtet, beginnt nun, etwa ab der fünften Woche, eine neue Lebensphase. Sie genießen ihr Leben im Stall und im Auslauf und wachsen hoffentlich zu guten Eierlegerinnen heran – hochwertiges Futter und sauberes, frisches Wasser vorausgesetzt. Doch sollte man die jungen Damen nicht zu sehr verwöhnen, da sie sonst möglicherweise die eigene Futtersuche im Auslauf vernachlässigen. Zur fleißigen Selbstversorgung kann man die Hennen nämlich förmlich erziehen, indem man ihren Hang zur Bequemlichkeit nicht auch noch durch übermäßige Gaben an Leckereien fördert.

Kennzeichnen der Hühner

Nicht immer können wir unsere einzelnen Tiere ohne Weiteres voneinander unterscheiden. Das gilt vor allem, wenn wir viele gleichaltrige Hennen derselben Rasse halten und für die Zeit der Mauser, wenn sie vorübergehend ihr Aussehen völlig verändern. Wir können als sinnvolles und einfaches Hilfsmittel Fußringe für eine eindeutige Kennzeichnung benutzen. Die Ringe gibt es in verschiedenen Ausführungen zu kaufen. Züchter von Rassegeflügel werden natürlich nummerierte Ringe verwenden, da diese für Ausstellungen verpflichtend sind. Sie werden zwischen der zehnten und zwölften Lebenswoche übergestreift, da sonst die Ständer zu dick werden. Dem Hobbyhalter ohne Züchterambitionen genügen durchaus farbige Spiralringe aus Kunststoff. Sie haben im Übrigen den Vorteil, dass man sie bei erwachsenen Tieren auch noch nachträglich aufziehen kann.

HINTERGRÜNDE:

WARUM ES SINNVOLL IST, HÜHNER ZU SCHLACHTEN

HÜHNERFLEISCH ist bekömmlich, fettarm, ernährungsphysiologisch wertvoll und schmeckt gut. Sein hoher Nährwert beruht auf dem günstigen Eiweiß-Kalorien-Verhältnis. Daher haben sich neben Betrieben für die Eierproduktion spezielle Mastbetriebe entwickelt, die innerhalb von sechs Wochen aus dem Eintagsküken ein marktfähiges Grillhähnchen mästen – sicherlich keine Traumvorstellung für den kritischen Hühnerbesitzer.

Beim Schlachten scheiden sich die Geister; für viele Hobbyhalter kommt das (noch) nicht infrage, aber spätestens, wenn wir uns zu eigenem Hühnernachwuchs entschließen, kommt dieses Thema auf uns zu. Wie wir auf Seite 133 gelernt haben, erblicken beim Schlupf etwa je zur Hälfte weibliche und männliche Küken das Licht der Welt – allerspätestens dann stellt sich die Frage: Was tun mit den jungen Hähnchen?

Junge Hähnchen

Für manche Hühnerbesitzer gehört das Schlachten ganz natürlich zur Hühnerhaltung dazu, für manchen ist ein saftiger, tiergerecht produzierter Braten gar die Hauptmotivation für die Anschaffung von Federvieh. Wer also das Schlachten von vornherein mit einplant, sollte – und dies gilt auch für die Mast älterer Tiere – eine Hühnerrasse halten, die neben einer guten Legeleistung auch als guter Fleischlieferant gilt, also ein echtes Zwiehuhn (Seite 30). Von Vorteil wäre weiterhin, doch das ist Geschmackssache, wenn die Rasse ein möglichst helles Fleisch und helle Haut besitzt. Das wird in unseren Breiten allgemein als appetitlicher angesehen, infrage kommen zum Beispiel Sundheimer, Sussex oder Deutsche Lachshühner. Bei Weitem nicht alle Hühnerrassen haben das für uns altbekannte weiße Hühnerfleisch! Rassen wie Seidenhühner haben gar dunkles Fleisch und dunkle Haut.

Wir müssen Gott sei Dank nicht so vorgehen wie die gewerblichen Mästereien und die stürmische Wachstumsphase des Junggeflügels durch Verabreichen von konzentriertem Mastfutter und Halten auf engem Raum ausnutzen, um in kürzester Zeit ein handelsübliches Hähnchen zu erhalten. Wir können uns und den Tieren mehr Zeit lassen, das heißt, die Jungtiere etwas älter und größer werden lassen und erst im Stadium zwischen der zwölften und 14. Lebenswoche reichhaltiger füttern, zum Beispiel durch Zufüttern von Weizen- und Haferkleie, Gerstenkörnern, gebrochenem Mais und gekochten Kartoffeln, bis sie schließlich geschlachtet werden. Das Ergebnis wird sich sehen lassen können, nämlich ein Fleisch von fester Konsistenz, weniger Wasseranteil und beträchtlicher Menge.

Was tun mit beispielsweise zu vielen Hähnen?

Ältere Tiere

Die gewerbliche Mast ausgewachsener Hennen und Hähne ist heute praktisch ohne Bedeutung. Dies war noch bis in die erste Hälfte des 20. Jahrhunderts anders. Unter Masttieren verstand man hier immer solche mit abgeschlossenem Körperwachstum und entsprechendem Fettpolster. Das Huhn diente zu dieser Zeit eben nicht allein als Lieferant möglichst mageren, eiweißreichen Fleisches, sondern auch als preiswerter Fettversorger für die Küche.

Und heutzutage? Die meisten werden ihre kleine Hühnergruppe hauptsächlich der Eier wegen halten. Aber wenn ältere Legehennen mit drei bis vier Jahren ihren Zenit längst überschritten haben, liegt der Gedanke nahe, ob sie nicht Platz für leistungsfähige Junghennen machen sollten. Es kommen auch immer mal wieder Tiere vor, die durch stark aggressives Verhalten aus der Rolle fallen und nicht länger in der Herde bleiben sollten, oder verletzte Hühner, die nicht mehr vollständig genesen werden – auch hier sollte man übers Schlachten nachdenken. Und so kann man den Braten oder die deftige Hühnersuppe als zusätzliches Geschenk betrachten.

ZUSAMMENSETZUNG DES SCHLACHTKÖRPERS

Lebendgewicht	100 %
Blut und Federn	13 %
Kopf, Füße und Eingeweide	17 %
genießbare Organe	6 %
Fleisch	52 %
Knochen	12 %

Schlachten, rupfen und ausnehmen

Das ist natürlich für viele die unangenehmste Sache bei der Hühnerhaltung. Wenn wir uns das Schlachten selbst nicht zutrauen, sollten wir jemanden suchen, der das für uns fachgerecht durchführt; sei es ein örtlicher Metzger, jemand vom Geflügelzuchtverein oder ein befreundeter Hühnerhalter. Wenn wir es selbst versuchen wollen, sollten wir uns für das erste Mal ausführlich unterweisen lassen, denn es gehört schon einige Überwindung und Übung dazu, ein Huhn tierschutzgerecht zu töten und fachgerecht zu verarbeiten. ■

GUT ZU WISSEN

Salmonellen sind Bakterien, von denen einige insbesondere bei Menschen mit Immunschwäche schwere Darmerkrankungen mit akuten Durchfällen hervorrufen können. Alte Menschen und Kinder gelten allgemein als immunschwach. Salmonellen kommen überall vor und werden durch Mensch und Tier verbreitet, gelegentlich auch über Nahrungsmittel vor allem tierischer Herkunft. Entscheidend für die Erkrankung ist die Keimdosis. Hohe Keimzahlen können durch mangelnde Hygiene, falsche Lagerung verderblicher Lebensmittel oder Fehler bei der Zubereitung entstehen. Deshalb sollte tiefgefrorenes Geflügel immer über einem Siebeinsatz aufgetaut, das Auftauwasser weggeschüttet und alles, was damit in Berührung gekommen ist, gründlich gereinigt werden. Geflügel innen und außen gut waschen.

Die Gesundheit der Hühner

Wir sind für das Wohl unserer Tiere verantwortlich; die Gesunderhaltung unserer Hühner sollte uns besonders am Herzen liegen. Kranke Hühner wachsen nicht gut, legen keine Eier und sind für die Weiterzucht nicht geeignet. Jeder Hühnerhalter sollte die wichtigsten Hühnerkrankheiten, ihre Ursachen, ihr Erscheinungsbild sowie Möglichkeiten zur Bekämpfung beziehungsweise Heilung kennen. Nur so kann er die Entscheidungen treffen, die die Tiere vor Leid bewahren. Wir können in diesem Buch nur die wichtigsten Krankheiten besprechen – jedoch kein Buch ersetzt den Tierarzt! Wir warnen dringend davor, in erkennbar ernsten Fällen selbst an den Symptomen herumzudoktern.

GESUND ODER KRANK?

GUT ZU WISSEN

Es ist gesetzlich vorgeschrieben, dass auch die kleinste Hühnerhaltung bei der zuständigen Veterinärbehörde anzuzeigen ist, damit im Falle des Ausbruchs von Tierseuchen (zum Beispiel Vogelgrippe) rasch und zielgenau seuchenhygienische Maßnahmen ergriffen werden können.

BEVOR WIR uns dem Erscheinungsbild einzelner Krankheiten, ihren möglichen Ursachen und Behandlungsmöglichkeiten zuwenden, sollten wir selbstverständlich wissen, wie ein gesundes Huhn aussieht.

Ein klares Auge und – abgesehen von einigen besonderen Rassen wie zum Beispiel Seiden- oder Strupphühnern – ein glattes, glänzendes Gefieder sowie ein hellroter Kamm mit ebensolchen Kehllappen sind erste Anzeichen für eine gute Gesundheit. Können wir das Atmen kaum wahrnehmen, keinen Ausfluss an Augen, Nase oder Schnabel entdecken, haben wir ein zweites positives Indiz. Untersuchen wir das Tier nun näher, sollten wir die Rachenschleimhaut fleisch- oder hellrot, nicht jedoch blutrot, blass oder gelb finden. Auch der Stuhlgang ist ein wichtiges Merkmal. Er sollte regelmäßig, also etwa sechsmal in der Stunde sein und von zusammenhängender, nicht zu wässriger Konsistenz. Durchfall erkennt man oft schon an den verschmutzten Federn um die Kloake.

Frische Luft, Grünfutter, Beschäftigung – so bleiben Hühner gesund.

Insgesamt ist ein gesundes Huhn leicht zu erkennen: Es ist aufmerksam, es pickt und scharrt, pflegt ausgiebig sein Gefieder und frisst und trinkt regelmäßig mit gesundem Appetit; kurzum eine erfreuliche Erscheinung.

Das kränkelnde Huhn sondert sich von der übrigen Hühnergesellschaft ab und sitzt immer häufiger teilnahmslos mit hängenden Flügeln, aufgeplustertem Gefieder und eingezogenem Kopf in einer Ecke. Es wird zusehends schwächer und sein Gefieder glanzlos und struppig. Soweit sollten wir es aber erst gar nicht kommen lassen. Wie man diesem Zustand vorbeugen kann, wollen wir im nächsten Abschnitt besprechen.

GUT ZU WISSEN

Erste Anzeichen für eine Krankheit äußern sich häufig in mangelndem Appetit oder im Gegenteil in Fressgier und übermäßigem Durst.

VORBEUGEN IST BESSER ALS HEILEN

REINLICHKEIT, die richtige tägliche Pflege und eine ausgewogene Fütterung sind die besten Garanten für die Gesunderhaltung unserer Schützlinge. Zu den täglichen Arbeiten im Hühnerstall gehört vor allem das Reinigen der Futterbehälter und Trinkgefäße. Ebenso sollte man möglichst jede Woche den Kot vom Kotbrett entfernen, wobei gleichzeitig seine Konsistenz und Farbe zur Krankheitsvorbeugung kontrolliert werden kann. Gleichzeitig können wir die Anflug- und Sitzstangen von Verunreinigungen befreien.

Einmal wöchentlich sollten wir auch nach den Nestern sehen und sie bei Bedarf frisch einstreuen. Im Scharrraum sollten wir ein Auge darauf haben, dass die Einstreu stets locker, trocken und staubfrei ist. Etwa drei- bis viermal im Jahr, vor allem zwischen Herbst und Frühjahr, wenn die Tiere sich überwiegend im Stall aufhalten und die Gefahr von Infektionen durch die Aufnahme von Kot wächst, sollten wir die Einstreu in einem Tiefstreustall erneuern. Bei Ministällen werden wir in der Regel täglich den Kot vom Kotbrett und aus der Einstreu einsammeln sowie die Einstreu selbst nur bei Bedarf auswechseln.

Dem extra hergerichteten Sand- oder Staubbad, das wie bereits besprochen aus trockenem, feinkörnigem Sand, etwas Holzasche sowie Kieselgur besteht, sollten wir hin und wieder gegen das lästige und oft hartnäckige Ungeziefer etwas Insektenpulver beimengen. Bei drohendem stärkerem Befall dürfen wir gern unsere Schützlinge einmal herzhaft mit einem vom Tierarzt empfohlenen Mittel vollständig einpudern.

Bevor neue Tiere in den Stall einziehen, sollten wir die beweglich konstruierten Teile des Stalles und der Stalleinrichtung auseinandernehmen, säubern und mit heißer Sodalauge abschrubben. So auch die Wände: Sie werden am besten nach dem Trocknen mit Kalkmilch geweißt, um eine glatte Oberfläche zu erhalten, die Milben und anderen Quälgeistern der Hühnerschar keine Möglichkeit zum Unterschlupf bietet. Wer ganz sicher gehen will, kann den Stall noch mit einem handelsüblichen Desinfektionsmittel einsprühen. Bei diesem mühsamen, aber lohnenden Werk wird sich erweisen, wie sinnvoll der Stall geplant und mitsamt seiner Ausstattung konstruiert wurde.

Für den Fall der Fälle sollte man trotzdem vorsorgen: Es ist ohne Frage sehr nützlich, für kranke und verletzte Tiere schon mal ein extra Stallabteil vorzusehen oder zumindest Vorkehrungen zu treffen, damit notfalls eine vorübergehende Lösung schnell verfügbar ist. Denn häufig ist es notwendig, ärztlich behandelte Tiere für eine Weile von ihren Artgenossen zu isolieren, um den Heilungsprozess zu fördern oder überhaupt erst zu ermöglichen beziehungsweise die gesunden Tiere vor ansteckenden Krankheiten zu schützen. Nach der Genesung können wir sie zumeist ohne größere Schwierigkeiten wieder in die Herde integrieren.

TIPP

Vor jeder Ankunft neuer Hühner und regelmäßig mindestens einmal im Jahr steht ein gründlicher Stallputz an. Ein mühsames Unterfangen zwar, doch tut es den Tieren und unserem Gewissen im Nachhinein gut.

Häufchen einsammeln – auch das ist eine gute Methode, um den Auslauf und Garten parasitenfrei zu halten.

FRAGEN UND ANTWORTEN ZUR VORBEUGUNG VON KRANKHEITEN

Sollte ich die Hühner bei Regen oder Schnee vorsichtshalber im Stall lassen?

Unseren Hühnern machen Regen oder Schnee generell nichts aus, denn sie haben einen isolierenden und wasserabweisenden Federmantel als Schutzhülle. Wir können ihnen ja die Entscheidung selbst überlassen. Es stellt sich eher die Frage, wie stark der Boden des Auslaufs bei lang anhaltendem nassen Wetter durchs Umherlaufen und Scharren der Tiere beeinträchtigt wird.

Sollte ich den Stall heizen?

Grundsätzlich ist eine Stallbeheizung nicht erforderlich, wenn die Stallwände und das Dach gut wärmegedämmt sind, was im Übrigen auch bei Hitze von Vorteil ist. Wichtiger ist es in jedem Fall, Zugluft zu vermeiden und darauf zu achten, dass das Trinkwasser nicht einfriert. Gegen das Einfrieren gibt es spezielle elektrisch betriebene Heizplatten als Unterlage für die Tränke.

Was kann ich meinen Hühnern vorbeugend zur Steigerung der Abwehrkräfte füttern?

Zur Steigerung der Abwehrkräfte hat sich neben gutem Futter und Auslauf auf einer gepflegten Hühnerweide die Verabreichung von speziellen Vitaminpräparaten über das Trinkwasser bewährt. Diese Präparate sind beim Tierarzt oder im Tierbedarfshandel erhältlich.

Kann ich im Sommer einen Vorrat an Kräutern aus dem Garten trocknen, um ihn im Winter zu verfüttern?

Selbstverständlich können wir das Hühnerfutter mit diversen getrockneten Kräutern aus unserem Garten anreichern. Etwas Vorsicht ist jedoch bei Kräutern mit einem hohen Anteil an ätherischen Ölen (zum Beispiel Thymian oder Rosmarin) geboten. Auch hier gilt die grundsätzliche Regel, alles in Maßen zu halten.

DIE WICHTIGSTEN KRANKHEITEN

WIE BEREITS eindringlich hervorgehoben, ist und bleibt die Behandlung von Krankheiten die Domäne des Tierarztes. Die nachfolgenden kurzen Abrisse über Art der Krankheit, Erscheinungsbild, mögliche Behandlung und empfehlenswerte Vorbeugungsmaßnahmen sollten daher vor allem das frühzeitige Erkennen für den Hühnerhalter erleichtern und ihm gleichzeitig als Gesprächspartner für den Tierarzt ein gewisses Grundwissen vermitteln. Keinesfalls sollen sie aber zur Eigenbehandlung anregen.

Eine kurze Übersicht zu den Krankheiten findet man auch im Serviceteil auf Seite 186.

GUT ZU WISSEN

Beim Veterinäramt anzeigepflichtige Seuchen sind:

- Geflügelcholera (Bakterium)
- Geflügelpest, Vogelgrippe (Virus)
- Newcastle-Krankheit (Virus)

ASPERGILLOSE

Aspergillose ist eine Schimmelpilzerkrankung. Die Erreger, giftige Sporen der verschiedenen Schimmelpilzarten, werden von den Hühnern aus verschimmelter Einstreu oder verschimmeltem Futter eingeatmet beziehungsweise aufgenommen. Sie gelangen in die Lunge und Luftsäcke, dringen in das Gewebe ein und rufen schwere Entzündungen hervor.

Bei erwachsenen Tieren ist die Krankheit nur schwer feststellbar. Auffallend können eine weißlich blasse Gesichtsfarbe und eine wässrige Umgebung des Augapfels sein. Auch Durchfall, Mattigkeit, Abmagerung und keuchende Atmung gehören zu den Kennzeichen dieser Krankheit. Die Krankheitsdauer schwankt zwischen vier und sechs Wochen. Mit Todesfällen muss vor allem bei jungen Tieren gerechnet werden.

Eine Behandlung der Aspergillose ist schwierig beziehungsweise kaum möglich. Manchmal hilft aber bereits das sofortige Umsetzen der Tiere in saubere und trockene Einstreu.

Zu den wichtigsten Vorbeugungsmaßnahmen zählen helle, trockene Ställe, trockene und saubere Einstreu, ausreichende und zugfreie Lüftung sowie einwandfreies Futter und Wasser.

AUGENENTZÜNDUNGEN

Augenentzündungen treten häufig durch Erkältungen und vor allem durch Zugluft auf. Die Augen tränen, können Schleim absondern, die Lider sind gerötet und meist deutlich geschwollen.

Mit Borwasser (2 %ig) können die entzündeten Augen vorsichtig ausgewaschen werden. Die Behandlung muss öfter wiederholt werden. In besonders hartnäckigen Fällen sollte unbedingt der Tierarzt befragt werden.

BALLENGESCHWÜRE

Scharfkantige, zu schmale Sitzstangen und ein steiniger, harter Auslauf können unter anderem die Ursache für Verletzungen im Ballenbereich sein. Ballengeschwüre entstehen, wenn sich diese Verletzungen entzünden und eitern. Da Ballengeschwüre vom Laien unter Umständen mit Gichtknoten verwechselt werden können, sollte man die Behandlung, das heißt das Aufschneiden der Geschwüre, dem Tierarzt überlassen.

BRÜCHE

Bei Knochenbrüchen sollte man zunächst überlegen, ob das arme Tier nicht schnellstmöglich von seinem Leiden erlöst werden sollte. Eine Heilung von Knochenbrüchen ist nur dann möglich, wenn die Bruchstelle nicht im Fleisch liegt, sondern sich am Ständer befindet. Man bringt das Bein vorsichtig in die richtige Lage und schient es mithilfe von Holzstäbchen und Klebeband. Meistens können die Tiere bald wieder auftreten und nach zwei bis drei Wochen kann die Schiene entfernt werden. Während dieser Zeit müssen sie selbstverständlich von der übrigen Herde – möglichst jedoch mit Sichtkontakt – getrennt gehalten werden.

Treten Knochenbrüche häufig in einer Hühnerherde auf, können Kalkmangel und Mangel an Vitamin D die Ursachen sein.

GUT ZU WISSEN

Die Behandlung von Flügelbrüchen hat im Vergleich zu Beinbrüchen wenig Aussicht auf Erfolg.

BRONCHITIS

Der Erreger der infektiösen Bronchitis ist ein Virus, das durch Kot und Nasenausfluss bereits infizierter Tiere ausgeschieden wird und sich durch Staub und verschiedene Zwischenwirte sehr schnell im Stall verbreitet. Die Tiere erkranken einen bis sechs Tage nach der Ansteckung.

Typische Erscheinungen bei erkrankten Küken sind Atemnot, Röcheln und Niesen. Im fortgeschrittenen Stadium leiden die Tiere unter Nasenausfluss, magern ab und bekommen ein struppiges Gefieder. Je jünger die Tiere sind, desto häufiger kommt es zu Todesfällen. Bei Jung- und Legehennen verläuft die Krankheit harmlos und ist von kurzer Dauer. Auch hier herrschen Atembeschwerden vor. Eine Behandlung der Bronchitis ist nicht möglich, ihr Verlauf kann jedoch durch Vitamin- und Antibiotikagaben gemildert werden.

Ein gutes Stallklima, ausreichende Belüftung und Vorsicht beim Tierkauf sind die wichtigsten Vorbeugungsmaßnahmen. Der Krankheit kann außerdem durch eine Impfung vorgebeugt werden.

CHOLERA

Die Geflügelcholera gehört zu den anzeigepflichtigen Seuchen und tritt heute kaum noch auf. Sie wird durch Bakterien hervorgerufen und durch unhygienische Haltungsbedingungen, verkotete Ausläufe, kalte Ställe, Vitamin- und Kalkmangel begünstigt – dem können wir allerdings leicht entgegenwirken. Die Inkubationszeit beträgt vier bis neun Tage.

Die Tiere sind matt, ohne Appetit und haben wässrigen, zum Teil blutigen Durchfall. Bei chronischem Krankheitsverlauf kommt es zu schwerer Atemnot und Gelenkschwellungen. Bei akutem Krankheitsverlauf sterben die Tiere innerhalb weniger Stunden oder Tage.

GUT ZU WISSEN

Damit die Verbreitung der ansteckenden Cholera vermieden wird, sind die entsprechenden veterinär-polizeilichen Vorschriften genau einzuhalten. Heilversuche sind bei dieser Krankheit in jedem Fall aussichtslos.

DARMENTZÜNDUNGEN

Einfache Darmentzündungen, die also nicht als Begleiterscheinungen anderer Krankheiten auftreten, werden meist durch falsch zusammengesetztes oder verdorbenes Futter hervorgerufen. Das Futter muss deshalb sofort gewechselt werden, die Tiere werden im warmen Stall untergebracht. Dem Futter kann etwas fein gekörnte Holzkohle beigemengt werden, und die Tiere bekommen Kamillen- oder Pfefferminztee zu trinken.

EIERSTOCKERKRANKUNGEN

Eierstockerkrankungen können als selbstständige Erkrankungen, aber auch als Begleiterscheinungen anderer Krankheiten (Leukämie, Typhus, Hühnerpest) vorkommen. Sie können beispielsweise durch äußere Einwirkungen wie Stöße, Schläge oder starke Erschütterungen verursacht werden. Die Legetätigkeit lässt nach oder hört schließlich ganz auf, wenn der gesamte Eierstock ein krankhaftes Gebilde ist. Erkrankungen des Eierstocks sind nicht heilbar. Die Tiere sollten deshalb erlöst werden.

EILEITERENTZÜNDUNGEN

Eileiterentzündungen können durch das Treten der Hähne, durch unsachgemäßes Befühlen (Tasten) der Hühner oder durch Pickwunden während des Legeaktes entstehen. Erreger sind zumeist Kolibakterien oder Salmonellen; auch Virusinfektionen können zu Eileiterentzündungen führen. Eine Behandlung der Entzündungen ist nicht möglich. Eine saubere und ungezieferfreie Nesteinstreu ist die wichtigste Vorbeugung.

ERFRIERUNGEN

Trockene Kälte können unsere Hühner ohne Schwierigkeiten vertragen. Erst bei extremen Kältegraden, vor allem jedoch in kalten und zu feuchten Ställen, können die Körperteile erfrieren, die nicht durch Federn geschützt sind und an denen sich die gefährliche Feuchtigkeit absetzt: Kamm, Kehllappen, Ohrscheiben, Zehen und Füße. Die erfrorenen Körperteile werden zunächst blutleer und kalt, dann blaurot und heiß und können erheblich anschwellen. Eine Behandlung mit Frostheilsalbe ist möglich. Aber Achtung: Tiere mit Erfrierungen dürfen nicht sofort ins Warme gebracht werden, weil sonst die erfrorenen Stellen auftreiben und besonders schmerzen. Oft genügt es, die erfrorenen Teile tüchtig mit Schnee abzureiben und zu massieren.

Zur Vorbeugung kann man die federlosen und damit gefährdeten Hautpartien mit Öl oder Fett einreiben. Besser ist es jedoch, entsprechende Fürsorge walten zu lassen und für einen trockenen Stall zu sorgen.

GEFLÜGELPEST, VOGELGRIPPE ODER HÜHNERGRIPPE

Hier handelt es sich um eine höchst ansteckende Seuche. Bei Verdacht auf einen Ausbruch ist umgehend die zuständige Veterinärbehörde zu verständigen. Der Erreger ist das Grippevirus Typ A/Subtyp H5N1. Der Erreger befällt alle Vogelarten. Besonders Wassergeflügel ist gefährdet und oft die Ursache für eine Verbreitung auf andere Tierbestände, insbesondere Hühner und Puten. Die Krankheitserscheinungen sind oft ähnlich wie bei der Newcastle-Krankheit (Seite 176). Die Inkubationszeit beträgt nur wenige Tage. Eine Behandlung ist nicht möglich. Bei einem Ausbruch muss der gesamte Bestand getötet und seuchenhygienisch „entsorgt“ werden.

Als beste Schutzmaßnahmen gelten die Vermeidung von Kontakten mit Wildvögeln durch eine entsprechende Einzäunung sowie eine aufmerksame Kontrolle und Hygiene im Auslauf und im Stall.

GUT ZU WISSEN

Die Vogelgrippe gehört zu den gefährlichsten Geflügelkrankheiten und zählt daher auch zu den anzeigepflichtigen Seuchen!

Bei übereifrigen Hähnen müssen die Hennen auch mal Federn lassen ...

GEFLÜGELPOCKEN

Der Erreger dieser Krankheit, die hauptsächlich bei feuchter Witterung im Herbst und Winter auftritt, ist das Geflügelpockenvirus. Die Ansteckung erfolgt über Sekrete der Mund- und Nasenschleimhäute sowie über den Kot. Die Infektion kann sich durch blutsaugende Insekten wie Milben und Zecken rasch in der Herde ausbreiten.

Bei der Hauptform bilden sich warzenähnliche Knoten an Kamm, Kehllappen, im Nasenbereich, an den Ohrscheiben und sogar am übrigen Körper. Die Pocken sind erbsen- bis kirschengroß, dunkelbraun und fallen nach einiger Zeit von selbst ab.

Die Schleimhautform äußert sich durch angeschwollene gelbe Beläge im Rachen und Schnabel (Erstickungsgefahr!). Eine Behandlung lohnt sich nur bei leicht erkrankten Tieren.

GUT ZU WISSEN

Als vorbeugende Maßnahme können Junghennen gegen Geflügelpocken geimpft werden.

… ein Hühnersattel hilft.

GICHT

Gicht entsteht meist bei älteren Tieren durch Eiweißüberfütterung und Vitamin-A-Mangel. Es handelt sich um eine Stoffwechselstörung, wobei im Körper zu viel Harnsäure gebildet wird, die nicht restlos ausgeschieden werden kann.

Wir können zwischen der Gelenkgicht und der Eingeweidegicht unterscheiden. Bei der Gelenkgicht entstehen an den Zehen und Fußgelenken Schwellungen, die mit gelblich weißer Masse gefüllt sind (nicht zu verwechseln mit Ballengeschwüren, Seite 169). Bei der Eingeweidegicht sind die inneren Organe mit feinkörnigem, weißem Belag überzogen.

Da es sich um eine Krankheit meist älterer Hühner handelt, sollte das Töten der Tiere einer langwierigen Behandlung vorgezogen werden. Viel Auslauf, reichlich Grünfutter und eine Umstellung des Futters auf geringere Eiweißgehalte ist die beste Vorbeugung gegen Gicht.

KALKBEINE

Diese sehr häufig vorkommende Krankheit wird durch Milben (Fußräudemilben) verursacht, die sich in die Haut der Beine eingraben. Mit der Zeit bilden sich dicke Borken, die den Tieren beim Gehen Beschwerden machen. Sehr schnell kann die ganze Herde angesteckt werden.

Die Borke kann mit Schmierseife oder Salatöl eingeweicht und vorsichtig mit lauwarmem Wasser abgewaschen werden. Im Anschluss daran werden die Beine mit Kalkbeinsalbe behandelt.

KAMMGRIND

Beim Kammgrind handelt es sich um eine Pilzerkrankung. Befallen werden Kämme, Kehllappen und Ohrscheiben, wobei sich die Tiere durch gegenseitiges Berühren anstecken. Zuerst zeigen sich am Kamm kleine helle Flecken, die sich allmählich ausbreiten und borkenartig vergrößern.

Bei den ersten Anzeichen für diese Krankheit sollten die betreffenden Tiere sofort isoliert und behandelt werden. Die Borken werden gut mit Ölsalbe eingerieben, behutsam entfernt und die erkrankten Stellen mit einem geeigneten Desinfektionsmittel behandelt. Stall und Stallgeräte sollten zur Behandlung und Vorbeugung gründlich desinfiziert werden.

KOKZIDIOSE

siehe Rote Kükenruhr

KROPFVERSTOPFUNGEN

Der selten vorkommende sogenannte „weiche Kropf“ entsteht, wenn die Tiere unverdauliches, in Gärung übergegangenes Futter aufgenommen haben. Der Kropf tritt prall hervor und fühlt sich weich und elastisch an. Die Tiere verweigern das Futter und leiden unter Atemnot. Man kann versuchen, den Kropfinhalt durch Massage zu entfernen. Dabei wird das Tier mit dem Kopf nach unten gehalten, damit der übel riechende Kropfinhalt durch den Schnabel abfließen kann.

Der sogenannte „harte Kropf“ entsteht, wenn das Futter schwer verdaulich ist (Heu, Häcksel) oder wenn Fremdkörper (Knochen, Steine, Holzwolle) aufgenommen wurden und den Kropfausgang verstopfen. Der Kropf tritt hervor und fühlt sich hart an. Zunächst sollte man versuchen, den Kropf wie beim weichen Kropf zu leeren. Ist das erfolglos, kann der Kropfinhalt nur noch operativ, durch einen Kropfschnitt vom Tierarzt, entfernt werden.

ROTE KÜKENRUHR (KOKZIDIOSE)

Die Rote Kükenruhr ist eine der verbreitetsten Jungtierseuchen. Es handelt sich hierbei um Blinddarm- und Dünndarmentzündungen. Der Erreger ist ein einzelliger Parasit, dessen Dauerformen (Oozysten) sowohl gegen Hitze als auch gegen Kälte sehr widerstandsfähig sind. Hauptsächlich werden Küken in der zweiten bis achten Lebenswoche von dieser heimtückischen Krankheit befallen. Feuchte Einstreu ist ein idealer Nährboden für die Oozysten, die lange Zeit ansteckungsfähig bleiben können. Die Übertragung erfolgt durch das Picken im Kot erkrankter Tiere und durch verunreinigtes Futter und Trinkwasser.

Erscheinung und Verlauf der Roten Kükenruhr können sehr unterschiedlich sein. Drei Tage nach der Ansteckung zeigen sich folgende Symptome: Die erkrankten Tiere kümmern, lassen die Flügel hängen und nehmen kaum noch Futter auf; blutiger Durchfall wird ausgeschieden. Bei raschem Verlauf kann der Tod schon nach vier bis fünf Tagen eintreten.

Eine Behandlung der erkrankten Tiere ist meist unrentabel und auch gefährlich, da sie zu Dauerausscheidern werden können. Bei frühzeitigem Erkennen der Krankheit kann jedoch mit Medikamenten vom Tierarzt eine weitere Ausbreitung verhindert werden. Stall, Geräte und Auslauf müssen gründlich gereinigt und desinfiziert werden.

Die regelmäßige Beseitigung von Kot und die Erneuerung der Einstreu, wiederholte Stall- und Gerätedesinfektion, richtige Fütterung der Tiere und Pflege des Auslaufs gehören auch bei der Kokzidiose zu den wichtigsten Vorbeugemaßnahmen.

WEISSE KÜKENRUHR (PULLORUMSEUCHE)

Die Erreger dieser Krankheit, die durch eine außerordentlich hohe Sterblichkeit gekennzeichnet ist, sind Salmonellen. Die Ansteckung erfolgt zum einen über das Brutei infizierter Hennen, zum anderen durch die Aufnahme des Erregers über verseuchtes Futter, über den Kot und so weiter. Die Inkubationszeit beträgt nur zwei bis fünf Tage.

Falsche Haltungsbedingungen während der Aufzucht (Unterkühlung, Überhitzung) können die Krankheit schlagartig zum Ausbruch bringen. Die Küken sind schwach, lassen die Flügel hängen, zeigen ein erhöhtes Wärmebedürfnis und verweigern die Futteraufnahme. Der Kot ist gelblich weiß bis grünlich. Die Flaumfedern am After sind verklebt.

Eine Behandlung der Weißen Kükenruhr ist sinnlos, da diese Tiere als Dauerausscheider eine ständige Gefahr für die gesunden Tiere bleiben. Als wichtigste Vorbeugungsmaßnahmen gelten Hygiene und die richtigen Wärmegrade bei der Aufzucht (Seite 136).

LEGENOT

Legenot ist auf eine Missbildung der Eier zurückzuführen: Sie tritt durch zu große, unregelmäßig geformte oder durch quer liegende Eier auf. Andere Ursachen können ein geschwächter oder entzündeter Legeapparat sein. Besonders häufig tritt diese „Schwergeburt“ beim Legen des ersten Eies auf.

Die Henne macht einen „Katzbuckel“, lässt die Flügel hängen und versucht offenbar unter Schmerzen durch verzweifeltes Pressen, das Ei hinauszubefördern.

Man kann helfen, indem man nach alter Regel versucht, das Tier mit dem Hinterteil über Kamillendampf zu halten und durch Massieren und vorsichtiges Kneten das Ei aus dem Eileiter herauszustreichen. Auch ein Einlauf mit Pflanzenöl kann zum Erfolg führen. Sicherlich ist es nicht jedermanns Sache, einen solch schwierigen Eingriff an dem gequälten Tier vorzunehmen. Auf der sicheren Seite ist man, wenn man die Behandlung einem Tierarzt überlässt.

LEUKOSE

Leukose ist eine weit verbreitete Viruskrankheit. Die Ansteckung kann sowohl über das Brutei als auch durch Tierkontakt erfolgen. Am anfälligsten sind Jungtiere im Alter von sechs bis zehn Monaten.

Die erkrankten Tiere magern allmählich ab, Kamm und Kehllappen verblassen oder werden gelblich. Die Leber ist stark vergrößert und hat weißliche Flecken, die auch an Milz und Nieren vorhanden sein können. Eine Heilung ist nicht möglich. Außer durch hygienische Haltungsbedingungen kann man nicht weiter vorbeugen.

MAREKSCHE LÄHME (GEFLÜGELLÄHME)

Die Marekschе Lähme ist eine Viruskrankheit, die Gehirn und Nerven befällt. Hängende Flügel und ein unsicherer und hinkender Gang mit unnatürlich eingeknickten Beinen gehören zum Erscheinungsbild der Krankheit. Charakteristisch sind auch die graugrün verfärbten und gezackten Pupillenränder.

Die Ansteckung erfolgt durch infizierte Küken oder Junghennen, durch verseuchten Kot, Einstreu oder Geräte sowie durch Zecken und Vogelmilben. Die Sterblichkeit bei Jungtieren beträgt bis zu 60 %. Eine Behandlung der Marekschen Lähme gibt es nicht, eine vorbeugende Impfung bei Eintagsküken ist jedoch möglich.

NEWCASTLE-KRANKHEIT (ND), ATYPISCHE GEFLÜGELPEST

Bei Verdacht auf Newcastle, auch Atypische Geflügelpest genannt, muss sofort Anzeige beim zuständigen Veterinäramt erstattet werden. Eine Behandlung der erkrankten Tiere ist verboten. Unter Umständen müssen alle Tiere getötet werden. Eine vorbeugende Impfung ist Pflicht.

Der Erreger ist das Atypische Geflügelpestvirus. Die Übertragung der Pestviren erfolgt hauptsächlich durch den Kot und durch Nasen- und Rachenschleim. Die Inkubationszeit beträgt etwa drei bis fünf Tage.

Zu den Krankheitserscheinungen gehören Fressunlust, hohes Fieber, grüner und dünnflüssiger Kot. Die kranken Tiere nehmen viel Wasser auf, atmen röchelnd und legen häufig Fließeier (Windeier, Seite 78), überwiegend nachts. Bei chronischem Verlauf können Kopfverdrehungen – der Kopf wird zwischen die Läufe gesteckt oder auf den Rücken gelegt – und Rückwärtslaufen beobachtet werden.

GUT ZU WISSEN

Da die Newcastle-Krankheit auch in kleinen Herden leider immer wieder ausbricht, ist eine Impfung vom Tierarzt Pflicht. Sie gehört zu den anzeigepflichtigen Seuchen!

PULLORUMSEUCHE

siehe Weiße Kükenruhr, Seite 175

RACHITIS

Rachitis ist eine Vitaminmangelkrankheit, unter der hauptsächlich Küken, aber auch erwachsene Tiere leiden können.

Beinschwäche, Gelenkverdickungen und -verbiegungen, Einknicken der Zehen und Hocken auf den Fersengelenken gehören zum äußeren Erscheinungsbild. Tritt Rachitis in der Herde auf, hilft eine sofortige Vitamin-D3-Kur. Bei richtig ernährten Tieren mit genügend Bewegung in Luft und Sonne kommt diese Mangelkrankheit normalerweise nicht vor.

SCHNUPFEN

Der Schnupfen wird durch Bakterien übertragen. Voraussetzung für diese ansteckende Krankheit ist jedoch fast immer eine Erkältung durch feuchtwarme oder feuchtkalte Stallluft, verbunden mit Vitamin-A-Mangel. Eitriger Nasenausfluss, Kopfschütteln, Niesen, Atembeschwerden, röchelnde und piepsende Atemgeräusche sowie Schwellungen im Nasen- und Augenbereich sind Kennzeichen. Die Inkubationszeit beträgt ein bis fünf Tage.

TUBERKULOSE

Die Geflügeltuberkulose kommt vor allem in überalterten Herden und bei sehr schlechten und unhygienischen Haltungsbedingungen vor. Die Krankheit kann sich sehr lange hinziehen und ist nicht nur für andere Tiere (Rinder, Pferde, Schweine), sondern auch für Menschen ansteckend. Die erkrankten Tiere magern ab, Kamm und Kehllappen verblassen. Bei der Sektion zeigen sich gelbe Knötchen in Leber und Milz, an den Darmwänden oder auch in den Knochen.

Der Erreger, das Tuberkelbazillus, der mit dem Kot ausgeschieden wird, ist extrem widerstandsfähig. Nur direkte und längere Sonnenbestrahlung verträgt er nicht.

Eine Heilung der Geflügeltuberkulose ist nicht möglich. Im Ernstfall muss die ganze Herde geschlachtet werden. Stall, Geräte und Auslauf müssen sorgfältigst desinfiziert werden. Wenn möglich sollte man den Stall sogar ein Jahr lang leer stehen lassen.

UNGEZIEFER

Durch blutsaugende Milben kann bei den Tieren Blutarmut und infolgedessen auch eine höhere Krankheitsanfälligkeit und allgemeine Konstitutionsschwäche eintreten. Tagsüber halten sich die Milben im Stall, beispielsweise unter den Sitzstangen oder in Wandritzen, versteckt. Nachts fallen sie förmlich über die armen Tiere her, um Blut zu saugen.

Federlinge, Flöhe und Läuse sind Hautschmarotzer. Sie halten sich im Federkleid der Tiere auf und belästigen beziehungsweise beunruhigen sie dadurch stark. Die Tiere kratzen sich auffallend häufig, schütteln immer wieder ihr Gefieder, halten sich ungewöhnlich oft im Sandbad auf und gehen abends nicht gerne in ihren Stall.

Alles Ungeziefer sollte sofort und gründlich bekämpft werden, da es mit Sicherheit nicht wieder gut zu machende Schäden verursacht und zudem unsere Tiere unnötig quält. Regelmäßige und gründliche Reinigung und Desinfektion des Stalles und aller Einrichtungsgegenstände, vor allem der Sitzstangen, sind die wichtigsten Vorbeugungsmaßnahmen. Die Tiere sollten bei einem Befall mit Insektenvertilgungsmittel eingepudert werden und jederzeit die Möglichkeit zum Staubbaden haben. Dem Staubbad sollte zusätzlich Kieselgur oder hin und wieder Insektenpuder beigemischt werden.

VERGIFTUNGEN

Vergiftungen können vor allem durch Fahrlässigkeit und Unachtsamkeit vorkommen. Futtermittel sind von Gift und Schädlingsbekämpfungsmitteln streng getrennt zu lagern und dürfen nicht mit ihnen in Berührung kommen. Essensreste mit zu hohem Salzgehalt oder verdorbenes Futter dürfen auf keinen Fall verfüttert werden.

Vergiftungen sind daran zu erkennen, dass die Tiere würgen, sich erbrechen, Durchfall und Krämpfe haben, taumeln und unsicher gehen. Ebenso können Benommenheit und Schlafsucht Anzeichen für Vergiftungen sein. Die Behandlung der erkrankten Tiere richtet sich jeweils nach der Art des aufgenommenen Giftes – das Huhn muss schnellstens zum Tierarzt.

VERLETZUNGEN

Ist ein Tier verletzt und blutet, muss es sofort von der übrigen Herde isoliert werden, da der Anblick blutender Wunden die anderen Hühner zu ständigem Picken reizt und in Kannibalismus ausarten kann (Seite 90). Die Wunde muss vorsichtig gereinigt und gut desinfiziert werden. Das Tier sollte bis zum vollständigen Abheilen der Wunde isoliert bleiben; wenn möglich jedoch mit Sichtkontakt zur Herde.

VOGELGRIPPE

siehe Geflügelpest, Seite 171

WURMBEFALL

Feuchte Einstreu und ein ungepflegter, verkoteter Auslauf sind ideale Brutstätten für Würmer. Aber auch unter günstigen Umweltbedingungen ist es ratsam, in regelmäßigen Abständen Wurmkuren bei den Tieren durchzuführen.

- **Bandwürmer** können bis zu 15 cm lang werden und bestehen aus einzelnen Gliedern. Sie werden durch Zwischenwirte, meist Fliegen und andere Insekten, übertragen.
- **Spul- und Haarwürmer** können vor allem Jungtiere in ihrer Entwicklung stark beeinträchtigen. Die Tiere magern ab, leiden an Durchfall, und das Gefieder wird struppig.
- **Luftröhrenwurmbefall** äußert sich in Fressunlust und Atemnot der Tiere. Die Würmer saugen sich an der Schleimhaut der Luftröhre fest und ernähren sich von Blut.
- **Blinddarmwürmer oder Pfriemenschwänze** setzen sich in der Darmschleimhaut fest.

KLEINE STALLAPOTHEKE

UM KRANKHEITEN oder Parasitenbefall vorzubeugen, für Pflegemaßnahmen sowie für Notfälle sollten wir in jedem Fall gerüstet sein. Daher sollte man sich vom Tierarzt rechtzeitig eine Stallapotheke zusammenstellen lassen. Sie sollte unter anderem enthalten:

- ein Multivitaminpräparat zur Behandlung und Vorbeugung von Vitaminmangelkrankheiten (zum Beispiel Rachitis) und zur allgemeinen Stärkung, vor allem in der Wachstumsphase und nach überstandener Krankheit
- ein Wurmmittel für regelmäßige Wurmkuren
- ein Mittel zur Behandlung von Durchfallerkrankungen
- ein Desinfektionsmittel zur Behandlung von Hautverletzungen und Hauterkrankungen
- ein Mittel gegen Ektoparasiten wie Federlinge, Flöhe und Milben
- eine Wund- und eine Frostheilsalbe
- Borwasser (2 %ig) zur Behandlung von Augenentzündungen

GUT ZU WISSEN

Medikamente müssen abgeschlossen und für Kinderhände unerreichbar aufbewahrt werden. Der Bestand und die Verwendung der Medikamente sollten bei jeder Hühnerhaltung in einem Stallbuch vermerkt werden.

HÜHNER EINFANGEN

MÜSSEN WIR EIN TIER gründlich untersuchen oder behandeln, sollten wir es möglichst ohne großes Aufsehen aus der Herde herausnehmen. Nun können wir nicht immer davon ausgehen, dass jedes unserer Hühner so handzahm ist, dass wir es jederzeit greifen können. Sobald es nämlich merkt, dass wir etwas Ungewöhnliches mit ihm vorhaben und der erste Greifversuch fehlgeschlagen ist, wird es auf der Hut sein. Um es nun zu erwischen, müssten wir es durch den Stall oder den Auslauf verfolgen und würden – abgesehen von der meist lächerlichen Figur, die wir dabei abgeben – die ganze Herde nur beunruhigen. Besser ist es, von vornherein bewährte Hilfsmittel wie etwa ein Fanggitter zu benutzen. Haben wir das Tier damit in einer Ecke des Stalles fixiert, heben wir das Huhn mit einem fachmännischen Griff der freien Hand auf – je weniger es unnötig mit den Flügeln schlägt und Unruhe verbreitet, desto besser.

Zahme Hühner lassen sich ohne Probleme greifen.

Das Fanggitter ist besonders empfehlenswert, wenn wir etwa die ganze Herde mit einem Insektenpuder einstäuben, die Tiere beringen oder ähnliche Vorhaben durchführen wollen. Dazu treiben wir die Tiere mit dem geöffneten Gitter behutsam in eine Ecke und stellen schließlich die beiden äußeren Elemente jeweils so an die Wand, dass kein Huhn entweichen kann. Nun können wir bequem ein Tier nach dem anderen entnehmen, behandeln und in den Stall zurücksetzen. So haben wir auch gleich die Gewähr, dass wir ein Huhn nicht zweimal der gleichen Behandlung unterziehen.

Service

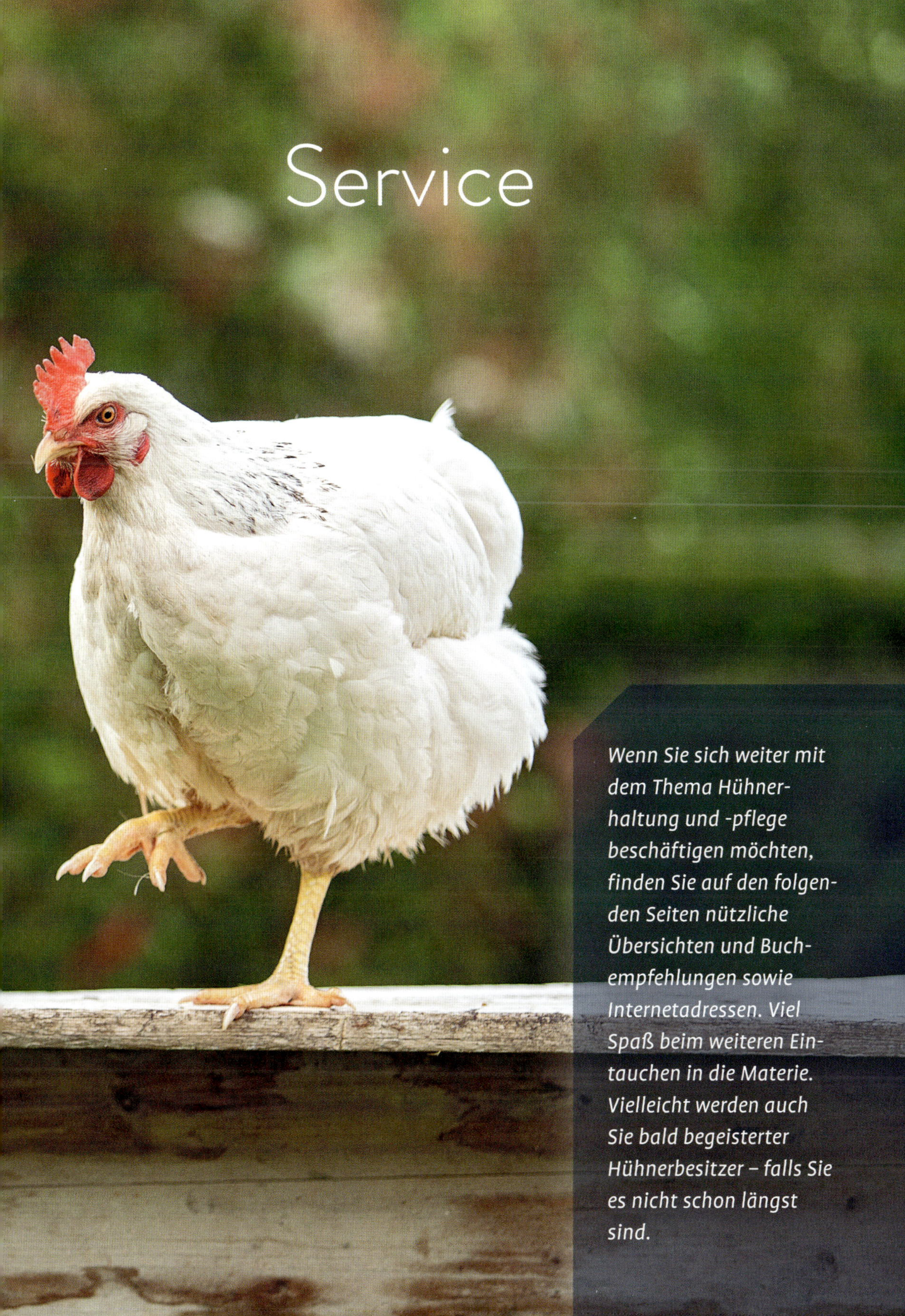

Wenn Sie sich weiter mit dem Thema Hühnerhaltung und -pflege beschäftigen möchten, finden Sie auf den folgenden Seiten nützliche Übersichten und Buchempfehlungen sowie Internetadressen. Viel Spaß beim weiteren Eintauchen in die Materie. Vielleicht werden auch Sie bald begeisterter Hühnerbesitzer – falls Sie es nicht schon längst sind.

ÜBERSICHT ÜBER DIE RASSEN UND IHRE VERWENDUNG

Rasse	E	F	Z	Eifarbe	KG (kg) m/w	Besonderheiten
Altsteirer			✗	weiß	3,0/2,5	echtes Zwiehuhn
Amerikanische Leghorn	✗			weiß	2,7/2,2	Wirtschaftstyp
Araucana			✗	türkis	2,5/1,6	schwanzlos
Australorps			✗	hellbraun	3,5/2,5	sehr leistungsstark
Barnevelder			✗	dunkelbraun	3,5/2,7	vielseitig
Bergische Kräher	✗			weiß	3,5/2,5	besonderer Krähruf
Brabanter Bauernhühner	✗			weiß	2,5/2,0	vital, fruchtbar
Brahma		✗		gelb/rot	5,0/4,5	Riesenhuhn
Brakel	✗			weiß	2,7/2,5	Nichtbrüter
Cochin		✗		braun-gelb	5,5/4,5	sehr zutraulich
Deutsche Lachshühner			✗	gelb/braun	4,0/3,2	fliegen wenig
Deutsche Langschan		✗		braun/gelb	4,5/3,5	sehr robust
Deutsche Reichshühner			✗	rahmgelb	3,5/2,5	stolze Erscheinung
Deutsche Sperber	✗			weiß	3,0/2,5	Nichtflieger
Deutsche Wyandotten			✗	gelb/braun	3,6/3,0	viele Farbschläge
Dominikaner			✗	hellbraun	2,5/2,2	elegant
Dorking			✗	weiß	4,5/3,5	Kulturgut
Dresdner			✗	gelbbraun	3,0/2,2	gute Winterleger
Friesenhühner	✗			weiß	1,6/1,3	gute Flieger
Hamburger	✗			weiß	2,5/2,0	edel, lebhaft
Italiener	✗			weiß	3,0/2,5	„Schulbuchhuhn“
Jersey Giants		✗		braun	5,5/4,5	großer Raumbedarf
Kraienköppe	✗			weiß/hellgelb	3,0/2,5	gute Winterleger
La Flèche	✗			weiß	3,5/3,0	Hörnerkamm
Lakenfelder	✗			weiß	2,0/1,7	gute Leger
Marans		✗		rotbraun	4,0/3,0	Eifarbe
Mechelner		✗		gelb	4,5/2,5	Tafelhuhn
Minorka	✗			weiß	3,5/3,0	stolz, elegant
New Hampshire			✗	braun	3,5/2,2	schönes Farbbild
Niederrheiner			✗	gelb/hellbraun	4,0/3,0	ruhig, frühreif
Orloff			✗	weiß/braun	3,5/2,5	Federbart
Orpington		✗		creme	4,0/3,5	üppiges Gefieder

Rasse	E	F	Z	Eifarbe	KG (kg) m/w	Besonderheiten
Ostfriesische Möwen	✗			weiß	3,0/2,5	alter Landhuhnschlag
Plymouth Rocks			✗	gelb	3,5/3,0	weltweit verbreitet
Rheinländer	✗			weiß	2,7/2,5	vielseitig, wetterhart
Rhodeländer			✗	braun	4,0/3,0	temperamentvoll
Sachsenhühner			✗	gelb/braun	3,0/2,5	lebhaft, frühreif
Sulmtaler			✗	hellbraun	4,0/3,5	leicht zu mästen
Sundheimer			✗	braun	3,5/2,5	schnellwüchsig, frühreif
Sussex			✗	gelb/braun	4,0/3,0	wetterhart
Thüringer Barthühner	✗			weiß	2,5/2,0	federbärtig
Vorwerkhühner			✗	gelb	3,0/2,5	besondere Farbgebung
Welsumer			✗	dunkelbraun	3,5/2,5	hohes Eigewicht
Westfälische Totleger	✗			weiß	2,5/2,0	gute Futtersucher

E = Eierlieferant, F = Fleischlieferant, Z = Zwiehuhn, KG = Körpergewicht (kg), m/w = männlich/weiblich

AUSWAHL AN GEEIGNETEN ZWERGHUHNRASSEN

Rasse	WR	ZR	Eifarbe	KG (kg) m/w
Antwerpener Bartzwerge		✗	weiß bis cremefarbig	0,70/0,60
Bantam	✗		weiß bis cremefarbig	0,60/0,50
Bassetten	✗		weiß	0,90/0,80
Chabo		✗	beige bis cremeweiß	0,60/0,50
Deutsche Zwerghühner	✗		weiß bis cremefarbig	0,75/0,60
Federfüßige Zwerghühner		✗	weiß bis bräunlich	0,75/0,65
Holländische Zwerghühner	✗		weiß	0,55/0,45
Moderne Englische Zwergkämpfer		✗	hellbraun	0,60/0,50
Sebright		✗	weiß bis cremefarbig	0,60/0,50
Zwerg-Cochin		✗	braun	0,85/0,75
Zwerg-Altsteirer bis Deutsche Zwerg-Wyandotten	Diese Rassen entsprechen in ihren Eigenschaften und ihrem Aussehen überwiegend ihren großen „Ebenbildern“.			

WR = Wirtschaftsbetonter Typ, ZR = Zierrassetyp, KG = Körpergewicht (kg), m/w = männlich/weiblich

DIE WICHTIGSTEN KRANKHEITEN IM ÜBERBLICK

Krankheit	Ursache	Symptome	Behandlung
Marek'sche Krankheit (MD)	Hühner-Herpesvirus	Lähmungen der Beine, Hockstellung	nicht möglich, nur vorbeugende Impfung
Newcastle Krankheit (ND/atypische Geflügelpest)	ND-Virus	Atembeschwerden, grünflüssiger Durchfall, Fließeier	nicht möglich, vorbeugende Impfung ist Pflicht
Infektiöse Bronchitis (IB)	IB-Virus	Atemnot, Röcheln, Nasenausfluss, struppiges Gefieder	Heilung nicht möglich, vorbeugende Impfung
Geflügelschnupfen	Bakterien, Mykoplasmen	Nasen- und Augenausfluss, Niesen, piepsende Atmung	mit speziellen Antibiotika, Absonderung der erkrankten Tiere
Geflügelcholera	Bakterium	Matttigkeit, Atemnot, blutiger Durchfall	nicht möglich, anzeigepflichtig
Geflügelpest (Vogelgrippe)	Virus (H5N1)	ähnlich Newcastle	nicht möglich, anzeigepflichtig
Geflügelsalmonellosen (u. a. Weiße Kükenruhr)	Salmonellen	Mattigkeit, Durchfall mit weißem Kot, hängende Flügel	Impfung der Elterntiere, vorbeugende Hygiene bei Brut und Aufzucht
Kokzidiose (Rote Kükenruhr)	Darmparasiten, feucht-warmer Stall	mangelnde Fresslust, Wachstumshemmung, blutiger Kot	Kokzidiosemittel, Verbesserung des Stallklimas, Wechseln der Einstreu
Geflügeltuberkulose	TB–Bakterien (speziell im Auslauf)	blasse Kämme und Kehllappen, weniger Eier, schleichendes Siechtum	Heilung nicht möglich, evtl. Merzen des Bestandes, Meiden des Auslaufs über 2-3 Jahre
Aspergillose	Schimmelpilze in Futter und Einstreu	Abmagerung, Durchfall, Mattigkeit, weniger Eier	Wechsel von Futter und Einstreu, Absondern erkrankter Tiere
Rote Vogelmilbe	Blut saugender Parasit	unruhige Tiere	regelmäßige Kontrolle, Einsatz von Insektiziden, Erneuerung des Sandbads
Räudemilben	Parasit	Borken oder rauer Belag an den Ständern (Kalkbeine)	Reinigung der Sitzstangen, Einsatz von Insektiziden, Einweichen der Borke mit Schmierseife o.Ä.
Hühnerflöhe	Blut saugender Parasit	unruhige, geschwächte Tiere, Nachlassen der Legetätigkeit	Einsatz von Insektiziden
Federlinge	Parasit	Zerstörung der Federn	Einsatz von Insektiziden

ZUM WEITERLESEN

- Bauer, W.: Geflügel und Kaninchen selbst schlachten, Verlag Eugen Ulmer 2016.
- Bauer, W.: Hühnerställe bauen. Verlag Eugen Ulmer 2019.
- Bauer, W.: Superfood für Hühner, Tauben und Co. Verlag Eugen Ulmer 2017.
- Bauer, W. und Kuhn, R.: Zwerghühner. Verlag Eugen Ulmer 2015.
- Bund Deutscher Rassegeflügelzüchter (Hrsg.): Deutscher Rassegeflügelstandard.
- Christ, R. und Bauer, W.: Geflügel und Kaninchen – nose to tail. Verlag Eugen Ulmer 2018.
- Grashorn, M., Kuhn, R. und Volk, F.: Gutes vom Geflügel, Verlag Eugen Ulmer 2008.
- Gomringer, A.: Unsere ersten Hühner. Verlag Eugen Ulmer 2012.
- Husson, H.: Alles über Hühner. Verlag Eugen Ulmer 2016.
- Keyes, G.: Clickertraining für Hühner. Verlag Eugen Ulmer 2020.
- Krause, A. und Bauer, W.: Garten sucht Hühner. Verlag Eugen Ulmer 2018.
- Krause, A. und Bauer, W.: Warum Hühner scharren, nicken und picken. Verlag Eugen Ulmer 2021.
- Peitz, B., Peitz, L. und Bauer, W.: Hühner in meinem Garten. Verlag Eugen Ulmer 2019.
- Schmidt, H. und Proll, R.: Rassegeflügel kompakt. Verlag Eugen Ulmer 2020.
- Schmidt, H. und Proll, R.: Taschenatlas. Hühner und Zwerghühner. Verlag Eugen Ulmer 2018.

VERWENDETE, TEILS VERGRIFFENE LITERATUR

- Altrichter, G. und Braunsberger, F.: Bäuerliche Geflügelhaltung. Österreichischer Agrarverlag 1997.
- Bessei, W.: Bäuerliche Hühnerhaltung. Verlag Eugen Ulmer 2001.
- Reiner, W. M.: Verhaltensforschung bei Nutztieren. KTBL Schrift 174, Landwirtschaftsverlag.
- Reinhardt, L.: Kulturgeschichte der Nutztiere. Verlag Ernst Reinhardt 1912.
- Scholtyssek, S., Grashorn, M., Vogt, H. und Wegner, R.: Geflügel. Verlag Eugen Ulmer 1987.
- Scholtyssek, S. und Doll, P.: Nutz- und Ziergeflügel. Verlag Eugen Ulmer 1978.
- Sperl, T.: Hühnerzucht für Jedermann. Verlagshaus Oertel und Spörer 1999.
- Tüller, R. und Allmendinger, A.: Geflügelställe. Stallbau, Klima, Einrichtung. Verlag Eugen Ulmer 1990.
- Weinmiller, L. und Mehner, A.: Züchtungslehre für Geflügelzüchter. Verlag Eugen Ulmer 1950.
- Woernle, H.: Geflügel gesund erhalten. Verlag Eugen Ulmer 2020.
- Zimmer, D. E.: Hühner – Tiere oder Eiweißmaschinen? Rowohlt Taschenbuch Verlag 1983.

ZUM REINKLICKEN

Bund Deutscher Rassegeflügelzüchter
mit Weiterleitung zu den Landesverbänden, und diese dann mit Weiterleitung zu Kreisverbänden in Ihrer Nähe
www.bdrg.de

Sondervereine für einzelne Rassen
www.amrocks.repage.de
www.sonderverein-antwerpenerbartzwerge.de
www.sv-augsburger-huehner.jimdo.com
www.bantam-klub.de
www.bielefelder-zwerg-kennhuehner.de
www.sv-cochin-brahma-zwerg-brahma.de
www.chaboclub.de
www.sv-deutscher-lachshuhnzuechter.de
www.federfuss.de
www.friesenhuhn.de
www.hamburger-huehner.repage.de
www.haubenhuehner-seltene-huehnerrassen.blogspot.de (unter anderem Holländer Haubenhühner und Sultanhühner)
www.krueperhuhn.com
http://wordpress.lakenfelder-sv.de
www.zwergkaempfer.de (unter anderem Moderne Englische Zwerg-Kämpfer)
www.sv-newhampshire.de
www.sv-zwerg-rhodeländer.de
www.sebright.npage.de
www.sv-silkiespolands.de (Seidenhühner)
www.spanier-sonderverein.de
www.strupphuhn.de
www.sundheimerhuhn.de
www.thueringer-barthuhn.de
www.svwelsumer.de
www.zwerg-cochin.de

DANK

Die Autoren bedanken sich bei ihren Lektorinnen Antje Munk und Antje Krause für die ausnehmend gute Zusammenarbeit sowie die wertvollen Hinweise und konstruktiven Beiträge bei der Überarbeitung und Neugestaltung dieses Standardwerks zur freizeitorientierten Hühnerhaltung.

REGISTER

IMPRESSUM

BILDQUELLEN

Bis auf folgende stammen alle Fotos und das Titelfoto von Maren Leuker.
Wilhelm Bauer: Seite 27 oben links, 27 rechts
Yvonne Bauer: Seite 27 unten links, 28 rechts, 29 oben, 29 unten, 31 rechts
Silke Klewitz-Seemann: Seite 26
Mauritius-images: Seite 147
Alle Grafiken fertigte Rainer Benz nach Vorlagen und Angaben der Autoren. Überarbeitet und koloriert von Helmuth Flubacher.
Foxys Graphic/Shutterstock.com: Schmuckzeichnung Huhn

Anmerkung zur Schreibweise (Gendering) der weiblichen, männlichen und unbestimmten Form:
Ausschließlich aufgrund der deutlich besseren Lesbarkeit wird in diesem Werk auf die jeweilige Mehrfachnennung oder Anpassung der Schreibweise bestimmter Bezeichnungen verzichtet. So stehen die Namen der Vertreter verschiedener Fachbereiche selbstverständlich für alle, die diese Berufe ausüben oder vertreten.

Die in diesem Buch enthaltenen Empfehlungen und Angaben sind von den Autoren mit größter Sorgfalt zusammengestellt und geprüft worden. Eine Garantie für die Richtigkeit der Angaben kann aber nicht gegeben werden. Autoren und Verlag übernehmen keine Haftung für Schäden und Unfälle. Bitte setzen Sie bei der Anwendung der in diesem Buch enthaltenen Empfehlungen Ihr persönliches Urteilsvermögen ein. Der Verlag Eugen Ulmer ist nicht verantwortlich für die Inhalte der im Buch genannten Websites.

Bibliografische Information der Deutschen Nationalbibliothek
Die Deutsche Nationalbibliothek verzeichnet diese Publikation in der Deutschen Nationalbibliografie; detaillierte bibliografische Daten sind im Internet über http://dnb.d-nb.de abrufbar.

Wollgrasweg 41, 70599 Stuttgart (Hohenheim)
E-Mail: info@ulmer.de
Internet: www.ulmer.de
Projektleitung: Antje Munk
Lektorat: Antje Krause
Herstellung: Isabell Scherrieble
Umschlaggestaltung: Verlag Eugen Ulmer
Gestaltung und Satz: Susanne Junker, red.sign, Stuttgart
Reproduktion: timeRay Visualisierungen, Jettingen
Druck und Bindung: Livonia Print, Riga
Printed in Latvia

ISBN 978-3-8186-1167-5

HIER KÖNNEN SIE WEITERLESEN

Ob possierliche Federfüßige Zwerghühner, die gemächlich durch den Garten spazieren, Marans, die schokobraune Eier legen, oder behäbige Amrocks, die eierlegende Wollmilchsau unter den Hühnerrassen – hier werden Sie fündig! Und keine Sorge: Mit der richtigen Hühnerrasse bleibt Ihre Grasnarbe im Garten erhalten, Sie benötigen keinen Gehörschutz und Stressbewältigung in Form von Kuscheln ist inklusive! Ein weiterer großer Pluspunkt: Sie bekommen die weltbesten Eier frei Haus geliefert!

Garten sucht Hühner. Die besten Rassen für kleine Gärten. A. Krause, W. Bauer. 2018. 128 S., 120 Farbf., Klappenbroschur. ISBN 978-3-8186-0341-0.

Hühnerverhalten unter der Lupe: Warum tun Hühner, was sie tun? Und warum tun sie oft nicht, was wir von ihnen wollen? Mit viel Humor beschreibt dieses Buch das, was unsere Hühner den lieben langen Tag so tun: scharren und picken, fressen und trinken, sonnen- und staubbaden, putzen und dösen, heranwachsen und lernen, sich zu unterhalten und und und. Viele außergewöhnliche Fotos halten vieles fest, aber nicht alles: Hühner sind einfach zu schnell …

Warum Hühner scharren, nicken und picken. Alles über Verhalten, Gewohnheiten und Marotten. A. Krause, W. Bauer. 2021. 144 S., 100 Farbfotos, Klappenbroschur. ISBN 978-3-8186-1142-2.